できる fit

ライン
LINE

JN048857

&

やりたいこと

92

コグレマサト・まつゆう*＆できるシリーズ編集部

インプレス

目次

第3章 友だちとトークを楽しもう

第6章 **グループで快適にトークしよう**

第 7 章　トークルームを自分好みに変えよう

—— スタンプをカスタマイズする

第 **8** 章　LINEをもっと便利に使いこなそう

本書に掲載されている情報について
・本書で紹介する操作はすべて、2023年2月現在の情報です。
・本書では、NTTドコモもしくはau、ソフトバンクと契約している、iOS 16.3が搭載された iPhone 14、ソフトバンクと契約している、Android 13が搭載された Xperia 5 IV A204SO を前提に操作を再現しています。
・本文中の価格は税込表記を基本としています。
「できる」「できるシリーズ」は、株式会社インプレスの登録商標です。
本書に記載されている会社名、製品名、サービス名は、一般に各開発メーカーおよびサービス提供元の登録商標または商標です。なお、本文中には ™ および ® マークは明記していません。

第1章

LINEを使いはじめよう

LINE って何？

ネタフル

LINE（ライン）はその名の通り、誰かとあなたを結びつけてくれる「線」となる、人気のスマートフォンアプリです。もうLINEを使いこなしている人も多いと思いますが、簡単に機能を説明します。主な機能の1つが「トーク」と呼ばれるテキストチャットです。インターネット回線を利用してメッセージをやりとりするので、例えば、SMSであればほかの携帯電話会社に送信する場合、1通最低3円（2023年2月現在）かかるところを、LINEなら無料で利用できます。パケット通信費はかかりますが、テキスト中心ならデータ通信量を気にすることはほとんどないでしょう。メッセージもリアルタイムに届くので、メールよりも手軽にやりとりできます。

そしてもう1つの主な機能として、5G/4G/3G回線およびWi-Fiを経由した音声通話があり、これもLINEの大きな魅力となっています。お互いにLINEのアプリをインストールしていれば、異なる携帯電話会社のスマートフォン同士でも無料で音声通話ができます。もちろん、日本国内に限らず、海外にいても音声通話ができますよ！

2022年に11歳を迎えたLINEは、日本の月間利用者数が9,200万人を突破しました（2022年3月現在）。人と人を結ぶ「線（LINE）」が世界中に張り巡らされています。

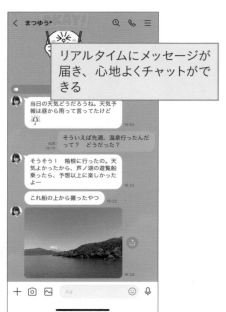

リアルタイムにメッセージが届き、心地よくチャットができる

5G/4G/3G回線やWi-Fiを利用して無料で音声通話できる

相手の顔を見ながらのビデオ通話もできる

今や昔の知り合いとつながるツール

LINEは、電話番号を通じて友だちとつながることができるのが特徴です。スマートフォンのアドレス帳に電話番号を登録している友だちがLINEを使っていれば、任意で自動的に友だちリストに追加できます。つまり、いちいち友だち申請のような作業をせずとも、LINEの友だちリストがどんどん増えていくのです。LINEを使いはじめたときからたくさんの人が友だちリストにいれば、メッセージのやりとりが増えますし、思いがけず昔の友だちと再会できることもあります。

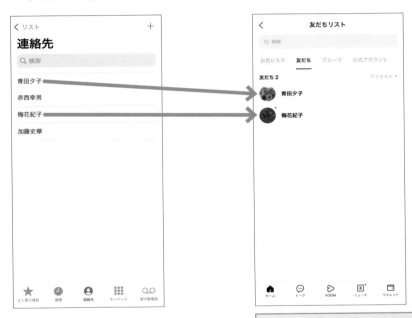

スマートフォンのアドレス帳に
登録されている友だちを、LINE
の友だちリストに追加できる

もはや生活に欠かせないLINE

筆者もそうなのですが、もう携帯電話会社のキャリアメールを使っていないという人も少なくないのではないでしょうか。普通にメールを出すのにも、「メールのタイトルを入力するのが面倒で」と思うようになってしまいました。友人や知り合いの多くがLINEを使っているため、プライベートのメッセージだけでなく、仕事のやりとりにも利用しています。LINEはメッセージインフラとして、欠かせない存在になりました。

1 基本

2 友だちの追加

3 トーク

4 通話・投稿

5 プライバシー

6 グループ

7 ルーム

8 活用

02

LINEでできることを知ろう

ネタフル

すでにLINEを使っている人は、どんなことに使っているのでしょうか。これからLINEをはじめようと思っている人は、どんなことに使おうと思っているのでしょうか。わかりやすく「無料通話＆チャットサービス」として紹介されることの多いLINEですが、さまざまな機能が追加されサービスの可能性が広がっています。

グループでのトークがとても便利！

個人的にも、LINEで最も愛用しているのが「グループトーク」機能です。複数人でチャットができるというシンプルな機能なのですが、旧友との飲み会の相談から、イベントの企画のやりとり、果てはこの本の進行作業までLINEで行っています。あとから見返したい重要なメッセージをノートに残しておけるのも便利です。

グループトーク
……レッスン54

共有したい情報を
ノートに投稿できる

ノート
……レッスン63

複数人でグループを
作成してトークできる

スタンプで楽しくコミュニケーション！

LINEがヒットした大きな理由の1つが、大きな画像のスタンプです。独特でユニークなデザインのものから火が付き、キャラクターものなど種類も増えました。企業が提供するスタンプや、クリエイターが自作したスタンプなど、数多くのスタンプが入手できるようになっています。スタンプ自作も専用アプリがあり、誰でもチャレンジしやすくなっています。

スタンプ
……レッスン16

今の気持ちや状況をキャラクターを通じて伝えられる

カスタムスタンプ
……レッスン72

好きなテキストを入力してカスタマイズできるスタンプもある

近況を知らせたり写真・動画を共有したりできる！

LINE VOOM（ライン ブーム）は短い動画などの投稿を楽しめる機能です。［おすすめ］画面ではほかのSNSでも人気のショート動画で情報収集ができます。自分の近況も、テキストや写真・動画で投稿することができます。自分がフォローしている友だちの投稿は［フォロー中］画面に表示されます。

［おすすめ］画面
……レッスン33

短い動画が次々に楽しめる

近況を投稿しあって楽しめる

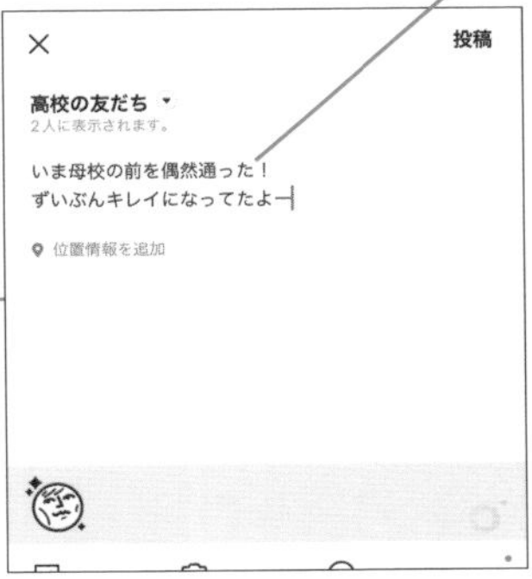

［投稿］画面
……レッスン35

アプリをインストールするには

本書で紹介しているサービスは、［LINE］アプリを使って操作します。［LINE］アプリは、スマートフォンのアプリストアからインストールします。iPhoneならApp Store、AndroidならGoogle Playストアから、それぞれ「LINE」と検索し、検索結果から［LINE］アプリをインストールしてください。

iPhoneの操作

Android の手順は 16 ページから

［App Store］からアプリをインストールする

1 ［App Store］を起動する

ホーム画面で［App Store］を**タップ**

2 検索画面を表示する

［App Store］が表示された

［検索］を**タップ**

3 アプリを検索する

検索画面が表示された

❶アプリ名（ここでは「line」）を**入力**

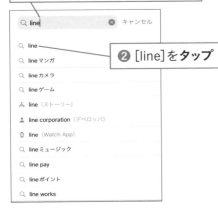

❷[line]を**タップ**

4 アプリをインストールする

アプリが検索された

❶[入手]を**タップ**

❷[インストール]を**タップ**

5 サインインする

[Apple IDでサインイン]画面が表示される

❶Apple IDのパスワードを**入力**

❷[サインイン]を**タップ**

[完了]と表示される

6 アプリをインストールできた

インストールが完了すると、[開く]と表示される

[開く]をタップすると、アプリを起動できる

●アプリの起動方法

ホーム画面でアプリのアイコンをタップすると起動する

次のページに続く→

1 基本
2 友だちの追加
3 トーク
4 通話・投稿
5 プライバシー
6 グループ
7 トークルーム
8 活用

[Playストア]からアプリをインストールする

第1章　LINEを使いはじめよう

1 [Playストア]を起動する

ホーム画面を
表示しておく

[Playストア]を**タップ**

2 検索画面を表示する

[Playストア]が表示された

[アプリやゲームを検索する]を
タップ

3 アプリを検索する

検索ボックスが表示された

❶アプリ名（ここでは「line」）を
入力

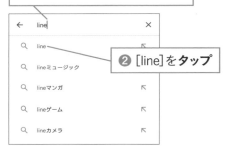

❷ [line]を**タップ**

4 アプリのインストールをはじめる

アプリの画面が表示された

[インストール]を**タップ**

5 アプリをインストールできた

アプリのインストールがはじまった

インストールが完了すると、
[開く]と表示される

[開く]を**タップ**

6 アプリを起動できた

インストールしたアプリが起動した

●アプリの起動方法

ホーム画面、または
アプリの一覧でアプ
リのアイコンをタッ
プすると起動する

1 基本

2 友だちの追加

3 トーク

4 通話・投稿

5 プライバシー

6 グループ

7 トークルーム

8 活用

04 LINEの基本
LINEの初期設定をするには

ネタフル

LINEの利用には、アプリのダウンロードはもちろんですが、最初にユーザー登録が必要です。これは「利用者が誰か」を登録するもので、ユーザー登録をしないとほかの人とつながることはできません。

ユーザー登録に必要なのは、自分の電話番号のみです。もし自分の電話番号がわからないという人がいれば、事前にメモしておきましょう。あとはアプリを起動し、指示に従いながら登録作業を進めるだけです。初期設定時に「アドレス帳を利用する」という操作がありますが、これは、あなたのスマートフォンのアドレス帳（iPhoneの場合は「連絡先」、Androidの場合は「連絡帳」）の情報を使って、LINEを利用している友だちを検索するかどうかを決める操作です。また、本書ではスマートフォンの連絡先や連絡帳のことをまとめて「アドレス帳」と呼びます。ほんの3分ほどでユーザー登録は完了します。ようこそ、LINEの世界へ！

LINEをインストールする

●iPhoneアプリ

App Storeで [LINE] をインストールできる

●Androidアプリ

Playストアで [LINE] をインストールできる

LINEの初期設定をする

1 LINEを起動する

iPhoneのホーム画面を表示しておく

[LINE]を**タップ**

2 LINEをはじめる

LINEが起動した

LINEへようこそ

無料のメールや音声・ビデオ通話を楽しもう！

ログイン

[新規登録]を**タップ**

新規登録

3 電話番号を認証する

この端末の電話番号を入力

LINEの利用規約とプライバシーポリシーに同意え、電話番号を入力して矢印ボタンをタップしさい。

日本 (Japan) ▼

080

❶電話番号を入力

❷ここを**タップ**

4 認証番号をSMSで送信する

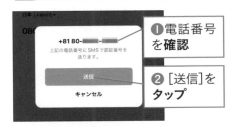

+81 80-

上記の電話番号にSMSで認証番号を送ります。

送信

キャンセル

❶電話番号を**確認**

❷[送信]を**タップ**

SMSで認証番号が届く

5 認証番号を確認する

❶ホーム画面に戻って[メッセージ]を**タップ**して起動

LINE

SMS/MMS
今日 17:01

認証番号「508715」をLINEで入力して下さい。
他人には教えないで下さい。30分間有効です。

❷認証番号を**確認**

次のページに続く──→

1 基本

2 友だちの追加

3 トーク

4 通話・投稿

5 プライバシー

6 グループ

7 トークルーム

8 活用

6 認証番号を入力する

❶再びLINEを**起動** ｜ ❷認証番号を**入力**

> SMSが届かない場合は電話の音声で認証できる

7 アカウントを新規登録する

[すでにアカウントをお持ちですか?]画面が表示された

ここではアカウントを引き継がない

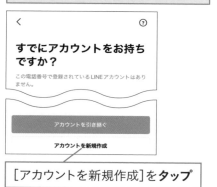

[アカウントを新規作成]を**タップ**

8 名前を入力する

[アカウントを新規登録]画面が表示された

❶名前を**入力** ｜ ❷ここを**タップ**

名前はあとから変更できる

9 パスワードを登録する

[パスワードを登録]画面が表示された

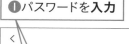

❶パスワードを**入力**

❷ここを**タップ**

10 連絡先へのアクセスを許可する

LINEが連絡先へアクセスすることを
許可する

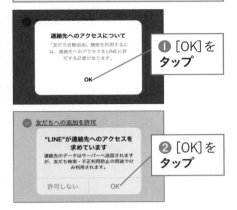

❶ [OK]を
タップ

❷ [OK]を
タップ

11 友だち追加の設定をする

ここではアドレス帳から
友だちを探さない

❶ [友だち自動追加] のここを
タップしてチェックマークを外す

❷ [友だちへ
の追加を許可]
のここをタップ
してチェック
マークを外す

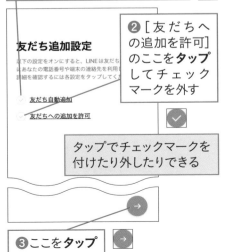

友だち追加設定

以下の設定をオンにすると、LINEは友だち
にあなたの電話番号や端末の連絡先を利用し
詳細を確認するには各設定をタップしてく

友だち自動追加

友だちへの追加を許可

タップでチェックマークを
付けたり外したりできる

❸ここをタップ

12 年齢確認をはじめる

[年齢確認]画面
が表示された

ここではauを
例に解説する

[auをご契約の方]を**タップ**

年齢確認

より安心できる利用環境を提供するため、年齢確認を
行ってください。

au auをご契約の方

LINEモバイルをご契約の方

または

その他の事業者をご契約の方

あとで

次のページに続く—→

HINT 「友だち自動追加」とは？

アドレス帳の情報を利用して、友だちを追加する機能です。アドレス帳にいる人が自動で追加されてしまうので、それほど親しくない人、電話番号を知っているというだけの人でも追加されてしまう恐れがあるため、基本はオフにしておくといいでしょう。

1 基本

2 友だちの追加

3 トーク

4 通話・投稿

5 プライバシー

6 グループ

7 トークルーム

8 活用

13 au IDでログインする

au IDのログイン画面が表示された

❶ au IDを**入力**

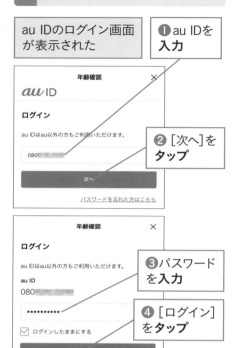

❷ [次へ]を**タップ**

❸ パスワードを**入力**

❹ [ログイン]を**タップ**

2段階認証が必要な場合は、画面の指示に従って操作する

HINT 「年齢確認」とは?

LINEでは、18歳未満のユーザーによるID検索が利用できません。詳細は28ページで解説しますが、ID検索により知らない人とつながることで、犯罪に利用されるケースがあるためです。そのため、ID検索をするためには携帯電話各社それぞれの方法で、年齢確認を行います。

---

14 au IDでログインする

[年齢確認 利用許諾]画面が表示された

❶ [利用規約を読む(必読)]を**タップ**

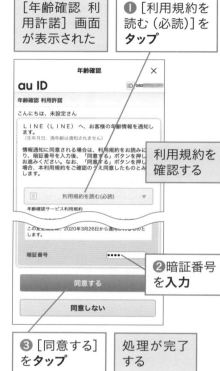

利用規約を確認する

❷ 暗証番号を**入力**

❸ [同意する]を**タップ**

処理が完了する

---

15 情報利用に同意する

情報利用について許可を求める画面が表示された

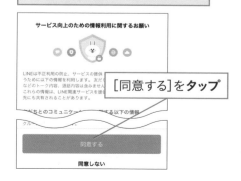

[同意する]を**タップ**

---

16 位置情報の利用に同意する

位置情報の利用について許可を求める画面が表示された

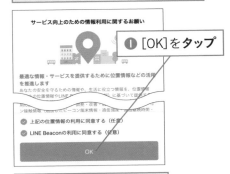

❶ [OK]を**タップ**

位置情報の利用について確認画面が表示された

❷ [Appの使用中は許可]を**タップ**

17 広告のトラッキングを設定する

広告についての画面が表示された

❶広告の最適化についての画面で[次へ]を**タップ**

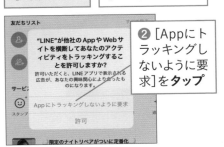

❷ [Appにトラッキングしないように要求]を**タップ**

18 Bluetoothの使用を許可する

Bluetoothの使用を許可する

[OK]を**タップ**

19 通知を許可する

通知を許可する

[許可]を**タップ**

20 LINEの初期設定ができた

LINEの初期設定が完了した

自分のアカウントが表示される

1 基本
2 友だちの追加
3 トーク
4 通話・投稿
5 プライバシー
6 グループ
7 トークルーム
8 活用

次のページに続く →

できる 23

1 アプリを起動する

Androidのホーム画面、または
アプリの一覧を表示しておく

[LINE]を**タップ**

2 LINEをはじめる

LINEが起動した

LINEへようこそ

無料のメールや音声・ビデオ通話を楽しもう！

ログイン

新規登録

[新規登録]を**タップ**

3 LINEに通話の許可を与える

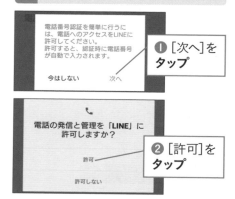

電話番号認証を簡単に行うに
は、電話へのアクセスをLINEに
許可してください。
許可すると、認証時に電話番号
が自動で入力されます。

今はしない　　　次へ

❶ [次へ]を
タップ

電話の発信と管理を「**LINE**」に
許可しますか？

許可

許可しない

❷ [許可]を
タップ

4 電話番号を認証する

**この端末の電話番号を入
力**

LINEの利用規約とプラ
うえ、電話番号を入力
てください。

電話番号が表示された

日本 (Japan) ▼

080

❶電話番号が
正しいか**確認**

❷ここを**タップ**

5 認証番号をSMSで送信する

080

080
上記の電話番号にSMSで認証番
号を送ります。

キャンセル　　OK

❶電話番号
を**確認**

❷ [OK]を
タップ

SMSで認証番号
が届く

6 アカウントを新規登録する

ここではアカウントを引き継がない

< ⑦

すでにアカウントをお持ちですか?

この電話番号で登録されているLINEアカウントはありません。

以前の端末の電話番号で登録していた場合は、以前の電話番号またはメールアドレスを使ってアカウントを引き継げます。
アカウントを引き継ぎますか?

アカウントを引き継ぐ

アカウントを新規作成

[アカウントを新規作成]を**タップ**

7 名前を入力する

[アカウントを新規登録] 画面が表示された

❶名前を**入力**

< ⑦

アカウントを新規登録

プロフィールに登録した名前と写真は、LINEサービス上で公開されます。

matsu-you*

❷ここを**タップ**

8 パスワードを登録する

[パスワードを登録]
画面が表示された

❶パスワードを**入力**

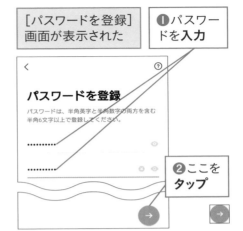

< ⑦

パスワードを登録

パスワードは、半角英字と半角数字の両方を含む半角6文字以上で登録してください。

....

....

❷ここを**タップ**

9 友だちの自動追加の設定をする

友だちの自動追加をしない設定にする

❶ [友だち自動追加]のここを**タップ**してチェックマークを外す ✓

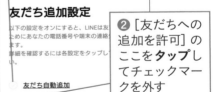

⑦

友だち追加設定

以下の設定をオンにすると、LINEは友...ためにあなたの電話番号や端末の連絡...ます。
詳細を確認するには各設定をタップし...い。

○ 友だち自動追加

○ 友だちへの追加を許可

❷ [友だちへの追加を許可] のここを**タップ**してチェックマークを外す ✓

❸ここを**タップ**

次のページに続く→

1 基本

2 友だちの追加

3 トーク

4 通話・投稿

5 プライバシー

6 グループ

7 トークルーム

8 活用

10 年齢確認をはじめる

ここではSoftBankを例に解説する

[SoftBankを
ご契約の方]
を**タップ**

年齢確認をしない場合は
[あとで]をタップ

11 My SoftBankにログインする

My SoftBankのログイン画面が
表示された

❶携帯電話番号とMy SoftBankの
パスワードを**入力**

❷[ログインす
る]を**タップ**

12 年齢認証を完了する

[My SoftBank認証]画面が
表示された

[同意する]を**タップ**

処理が完了する

13 情報利用に同意する

情報利用について許可を求める
画面が表示された

[同意する]を**タップ**

14 位置情報の利用に同意する

位置情報の利用について許可を
求める画面が表示された

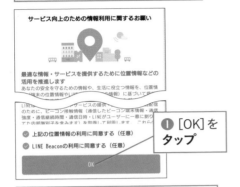

❶ [OK]を
タップ

❷ [アプリの使用時のみ]を**タップ**

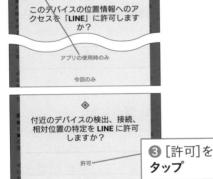

❸ [許可]を
タップ

15 Bluetoothの使用を許可する

Bluetoothの使用を許可する

[許可]を**タップ**

16 連絡先へのアクセスを許可する

LINEが連絡先へアクセスすることを
許可する

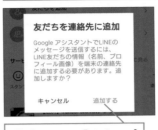

❶ [追加する]を**タップ**

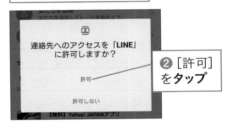

❷ [許可]
を**タップ**

17 LINEの初期設定ができた

LINEの初期設定が完了した

自分のアカウントが表示される

次のページに続く ──→

1 基本

2 友だちの追加

3 トーク

4 通話・投稿

5 プライバシー

6 グループ

7 トークルーム

8 活用

HINT 名前はあとから変更できる

20ページの手順8や25ページの手順7で入力する名前は、レッスン06の手順であとから変更できます。あまり深刻にならず、ほかの人から見て自分だとわかる名前を入力してください。

HINT なぜ年齢確認をするの?

なぜLINEの利用に年齢確認が必要になったのかご存知でしょうか。そもそもLINEは、親しい家族や友人とのコミュニケーションを豊かにすることを目的にスタートしたサービスです。そのため、利用規約では、知らない異性との出会いや交際を目的につながることは禁止されています。ID検索を利用すると、ネットの掲示板などで交換したIDで、知らない人と簡単につながってしまうため、LINEでは多くのユーザーが安心して利用できるよう、青少年保護を目的に18歳未満ユーザーのLINE ID検索の利用を制限しています。ドコモ、au、ソフトバンクで同様の施策が取られています。auの場合は、年齢確認をするために、auショップでの利用者登録制度への申し込みが必要となります。ただし、年齢認証をしなくても、LINE ID検索以外の機能はすべて利用できるため、通常の利用にはまったく問題はありません。

HINT 格安SIMを利用していて年齢確認ができない場合には

LINEの年齢確認ができるのは主に大手3キャリアですが、昨今はMVNOと呼ばれる、いわゆる格安SIMサービスを使う人が増えてきて、年齢確認をしていないという人も増えつつあります。ID検索ができないと不便そうですが、QRコードでつながることもできますので(レッスン07)、日常生活で不便を感じることはあまりありません。ぼく自身、もう数年来の格安SIMユーザーですが、離れていてもQRコードの画像を送ればLINEでつながることはできますので、友人間での利用に不便を感じたことはありません。

第2章

一緒に使う友だちを
増やそう

プロフィール画像を変更するには

ネタフル

プロフィール画像はできるだけ、自分だとわかりやすいものにしておきましょう。知り合いとつながるのがLINEの最大の魅力なので、基本は自分の顔写真が手軽です。顔写真が恥ずかしいという場合は、顔のイラストのようなものでもいいでしょう。とにかく、ほかの人が見たときのわかりやすさを第一に考えてください。ありがちなのは花やペット（犬・猫）の写真ですが、同じようなことを考える人が少なくないため、一覧で表示されたときに誰だかわかりにくくなってしまうこともあります。

また、すでにTwitterやFacebookなどのサービスを利用し、アイコン写真を設定しているなら、それらと同じ画像を使うのも1つの手です。あなたが誰であるかが、断然わかりやすくなります。

iPhoneの操作

Android の手順は 32 ページから

1 自分のプロフィール画面を表示する

❶ [ホーム]をタップ

[ホーム] 画面が表示された

❷自分の名前をタップ

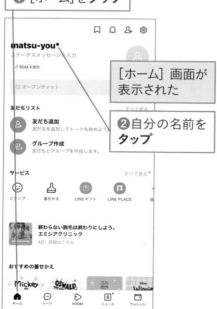

2 [プロフィール]画面を表示する

名前と写真が表示された

ここをタップ

3 写真の一覧を表示する

[プロフィール]画面が表示された

ここでは写真をアル
バムから選択する

❶ ここを
タップ

プロフィール   ✕

カメラで撮影　　　　　　⊙

写真または動画を選択　　▲

アバターを使用　　　　　⓪

未設定

電話番号
+81 80-███████-████

ID
未設定

IDによる友だち追加を許可　　●

❷ [写真または動画を選択]を
タップ

4 写真へのアクセスを許可する

LINEがiPhoneに保存された写真に
アクセスすることを許可する

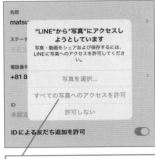

名前
matsu███

"LINE"から"写真"にアクセスし
ようとしています
写真・動画をシェアおよび保存するには、
LINEに写真へのアクセスを許可してくださ
い。

写真を選択...

すべての写真へのアクセスを許可

許可しない

[すべての写真へのアクセスを許可]
をタップ

5 写真を選択する

[最近の項目]画面が表示された

✕   最近の項目

画面を上にスクロールすると、
ほかの写真を選ぶことができる

使用したい写真を
タップ

6 写真の使用範囲を選択する

使用範囲を選択
する画面が表示
された

画面をドラッグ
して枠の位置
を移動できる

写真をピンチ
アウト/ピン
チインすれば
範囲を変更で
きる

[次へ]をタップ

次へ

次のページに続く ⟶

1 基本

2 友だちの追加

3 トーク

4 通話・投稿

5 プライバシー

6 グループ

7 トークルーム

8 活用

7 プロフィール画像に設定する

ここでは写真をそのまま使用する

ここからさまざまな加工方法を選択できる

❶ [ストーリーに投稿]のチェックマークが外れていることを**確認**

❷ [完了]を**タップ**

8 プロフィール画像が設定できた

設定した写真がサムネイルで表示された

プロフィール	×
名前	
matsu-you*	>
ステータスメッセージ	
未設定	
電話番号	
+81 80 ■■■■ ■■■■	>
ID	
未設定	
IDによる友だち追加を許可	⬤
マイ QR コード	>
誕生日	未設定 >

Androidの操作

iPhone の手順は 30 ページから

1 自分のプロフィール画面を表示する

❶ [ホーム]を**タップ**

[ホーム] 画面が表示された

❷自分の名前を**タップ**

2 [プロフィール]画面を表示する

名前と写真が表示された

ここを**タップ**

3 メニューを表示する

[プロフィール]画面が表示された

ここを**タップ**

< プロフィール

名前
matsu-you*   >

ステータスメッセージ
未設定   >

電話番号
+81 80-   >

ID
未設定   >

IDによる友だち追加を許可   ⬤
他のユーザーがあなたのIDを検索して友だち追加すること
ができます。

QRコード   >

誕生日   未設定 >

4 写真の一覧を表示する

メニューが表示された

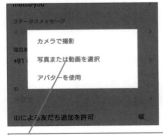

matsu-you

ステータスメッセージ

カメラで撮影

電話番号   写真または動画を選択

+81   アバターを使用

ID

IDによる友だち追加を許可

[写真または動画を選択]を**タップ**

5 写真へのアクセスを許可する

LINEに写真や動画ファイルへの
アクセスを許可する

matsu-you

デバイス内の写真やメディアへ
のアクセスを「**LINE**」に許可し
ますか？

許可

許可しない

IDによる友だち追加を許可

[許可]を**タップ**

6 写真を選択する

[すべて]画面が表示された

使用したい写真を**タップ**

< すべて ▾

HINT その場で撮影すること もできる

プロフィール用の写真は、その
場で撮影することもできます。プ
ロフィール画像を設定する手順4
の画面で[カメラで撮影]をタップ
しましょう。スマートフォンのイ
ンカメラ（自分向きのカメラ）を
利用すると簡単に撮影できます。

1 基本

2 友だちの追加

3 トーク

4 通話・投稿

5 プライバシー

6 グループ

7 トークルーム

8 活用

次のページに続く→

7　写真の使用範囲を選択する

写真が表示された

上下左右の角をドラッグすると
ボックスの大きさを変更できる

画面をドラッグして枠の
位置を移動できる

［次へ］を**タップ**

HINT　プロフィール画像を削除するには

プロフィール画像を設定した
あとに削除したくなった場合
は、手順9の画面でプロフィー
ル画像をタップします。表示さ
れるメニューから［プロフィー
ル画像を削除］をタップすると
プロフィール画像を削除でき
ます。

8　プロフィール画像に設定する

写真を加工
する画面が
表示された

ここでは写真
をそのまま使
用する

ここからさまざま
な加工方法を選
択できる

❶［ストーリーに投稿］
のチェックマークが外
れていることを**確認**

❷［完了］を**タップ**

9　プロフィール画像が設定できた

設定した写真がサムネイルで
表示された

< プロフィール

名前
matsu-you*

ステータスメッセージ

プロフィールを設定する

プロフィールの名前を変更するには

ネタフル

LINEでは、自分のプロフィールの名前を変更できます。通常、相手のスマートフォンのアドレス帳にあなたの電話番号が登録されている場合は、そのアドレス帳に登録されている名前が相手の［友だち］画面に表示されます。一方、相手のアドレス帳にあなたの電話番号が登録されていない場合、また、第8章で解説するパソコン版のようにアドレス帳とLINEが連携していない場合は、このプロフィールで登録した名前が相手に表示されることになります。

つまり、あまり突拍子もない名前で設定してしまうと、あなたが誰なのか、相手にわからなくなってしまうので注意が必要です。学生時代の友人と現在の友人では呼び名が違うこともあるでしょうから、できるだけ本名に近い名前で登録することをおすすめします。

1 名前を入力する

レッスン05を参考に、［プロフィール］画面を表示しておく

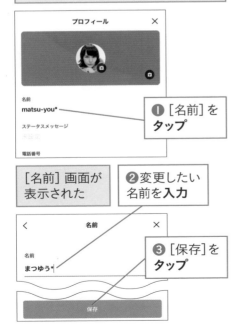

［名前］画面が表示された

❶［名前］を**タップ**

❷変更したい名前を**入力**

❸［保存］を**タップ**

2 名前を変更できた

入力した名前に変更された

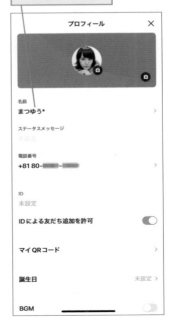

QRコードで手軽に 友だちを追加するには

ネタフル

手っ取り早くその場でLINEで友だちを追加する最も簡単な方法が、QRコードを利用する方法です。QRコードを利用した友だちの追加方法は、QRコードにカメラを向けるだけなので誰にとっても簡単です。LINEでQRコードを表示し、それを相手のLINEのカメラで読み込んでもらうだけという手軽さです。これならスマートフォンに詳しくない人でも簡単に友だち追加ができるでしょう。

離れた場所にいる人を追加する場合は、「ID検索」を使う方法もあります（レッスン08、09）。ただしこちらは事前にLINEのIDを作る必要があります。

第2章 一緒に使う友だちを増やそう

自分のアカウントを示すQRコードを表示する

1 ［友だち追加］画面を表示する

レッスン05を参考に、［ホーム］画面を表示しておく

ここを**タップ** 👤+

2 QRコードリーダーを表示する

［友だち追加］画面が表示された

［QRコード］を**タップ**

3 カメラへのアクセスを許可する

❶カメラへのアクセスについての
画面で［続行］を**タップ**

❷［OK］を**タップ**

"LINE"がカメラへのアクセスを
求めています
写真・動画の撮影や、文字認識・顔認識な
どの機能を利用するには、カメラへのアク
セスをLINEに許可してください。

許可しない　　OK

Androidでは［アプリの使用時のみ］
をタップする

4 QRコードを表示する

［QRコードリーダー］画面
が表示された

器 マイQRコード

QRコードをスキャンして友だち追加などの機能を利
用できます。

［マイQRコード］を**タップ**

5 QRコードを表示できた

自分のアカウントを示すQRコードが
表示された

QRコードやリンクを使って、友だち
追加しましょう。

🔗　　　⬆️　　　⬇️
リンクをコピー　シェア　　保存

↻ 更新

このQRコードを次ページの手順で
相手に読み込んでもらえば友だち
に追加される

1 基本

2 友だちの追加

3 トーク

4 通話・投稿

5 プライバシー

6 グループ

7 トークルーム

8 活用

次のページに続く→

追加したいアカウントを示すQRコードを読み込む

1 QRコードを読み込む

前ページの手順を参考に、[QRコードリーダー] 画面を表示しておく

追加したい友だちのQRコードに
カメラを**向ける**

2 友だちを追加する

自動的に認識されアカウントが表示された

❶友だちのアカウントであることを**確認**

❷ [追加]を**タップ**

表示が [トーク]に変わったら、画面左上の⊠をタップする

3 [友だちリスト]画面を表示する

[ホーム]画面が表示された

Androidでは〈をタップして[ホーム]画面を表示する

[友だち]を**タップ**

追加した友だちが表示される

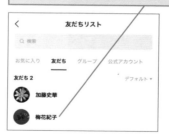

HINT 画像で送られたQRコードも読み込める

メールなどでQRコードの画像を送ってもらって保存した場合、手順1の画面右下のサムネイルをタップしてその画像を選択すると、同様の手順で友だち追加ができます。

第2章 一緒に使う友だちを増やそう

08

友だちを増やす

覚えやすい文字列で
IDを作成するには

LINEでは、自分のアカウントだと証明できる「ID」を作成できます。IDを作らなくてもLINEを楽しめますが、IDがあると友だちに自分のアカウントを伝えるのに便利なので、自分専用のLINEのIDを作ってみましょう。IDはプロフィールの名前とは違って、ほかの人と同じものを使用することができません。メールアドレスなどと同じで、自分だけの固有のものとなるので、名刺などにも記入できて便利です。IDは早いもの勝ちなので、使いたいIDがある人は、できるだけ早めにIDの作成を済ませることをおすすめします。ただ、IDを無作為に検索された場合、レッスン10で紹介する[知り合いかも？]に自分の知らない人が表示されることがあります。IDが名前だけなどの短いものは、覚えやすいというメリットがある反面、本名が類推されやすいというデメリットもあります。伝えやすく本名が類推されづらい「ローマ字+数字の文字列」「名前+数字の文字列や名前と関係ない単語」など、少し長めのIDなら安全かつ便利でしょう。使用できるのは、「半角英字（小文字のみ）」と「半角数字」「.（ドット）」「_（アンダーバー）」になります。

1 [ID]画面を表示する

レッスン05を参考に、[プロフィール]画面を表示しておく

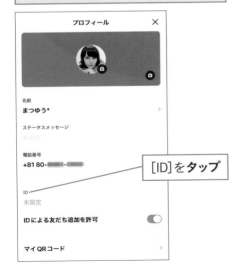

[ID]をタップ

2 IDを入力する

[ID]画面が表示された

❶使用したいIDを入力

❷[使用可能か確認]をタップ

1 基本

2 友だちの追加

3 トーク

4 通話・投稿

5 プライバシー

6 グループ

7 トークルーム

8 活用

次のページに続く—→

3 IDを登録する

IDが利用できることが確認された

IDが利用不可だった場合は下のHINTを参考に再度IDを入力する

[保存]を**タップ**

4 LINEのIDを作成できた

[プロフィール]画面が表示された

作成したIDが登録されている

ここ（Androidでは⟨）を**タップ** ×

[プロフィール]画面が閉じる

HINT ステータスメッセージを登録できる

プロフィールには「ステータスメッセージ」を追加で登録できます。登録すると、ホーム画面や友だちリストで名前の下に短い自己紹介や近況報告、好きな言葉などが表示されるようになります。登録するには、手順4の［プロフィール］画面で、［ステータスメッセージ］をタップして入力します。

HINT 希望のIDが使用できなかったときは

せっかくの自分のIDですから、わかりにくいIDでは嫌ですよね。できるだけ希望に近いものにしたいところです。希望するIDが使用できなかったときは、「○○1234」という具合にIDの後ろに数字を付けてみるのが簡単です。誕生日や好きな数字、生まれた年でもいいと思います。もしくは、シンプルに希望のIDの中に半角の「.」（ドット）を付けたり、「_」（アンダーバー）を付けたりするのもいいでしょう。

09 友だちを増やす

IDや電話番号で 友だちを追加するには

それでは、IDを使って友だちを検索してみましょう。友だちのLINEのIDを教えてもらい、検索するだけ。とても簡単です。この方法なら、遠く離れた場所にいる友だちでも追加できます。なお、友だちが [友だちへの追加を許可] を有効にしている場合 (レッスン38) は、電話番号で検索することもできます。

1 [友だち追加]画面を表示する

レッスン05を参考に、[ホーム]
画面を表示しておく

ここを**タップ**

2 ID検索をはじめる

[友だち追加]画面が表示された

[検索]を**タップ**

HINT IDで検索できないときは

「IDを検索してもなぜか友だちが見つからない」そんなときは、2つの理由が考えられます。1つめは、入力したIDが間違っている場合。2つめは、その相手が [IDによる友だち追加を許可] (レッスン39) に設定していない場合です。後者の場合、操作がわからなくて設定をそのままにしているのかもしれませんし、あえて検索されないようにしているのかもしれません。また、LINEでは安全面も考慮し、18歳未満で年齢確認ができないIDは検索できなくなっています。

次のページに続く⟶

右端縦組み目次:

3 IDで検索する

[友だち検索]画面が表示された

❶追加したい友だちのIDを**入力**

❷ここを**タップ**

🔍

4 友だちを追加する

検索した友だちが表示された

❶友だちのアカウント
であることを**確認**

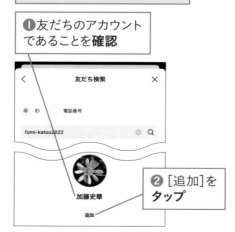

❷[追加]を
タップ

5 友だちが追加された

[トーク]と表示された

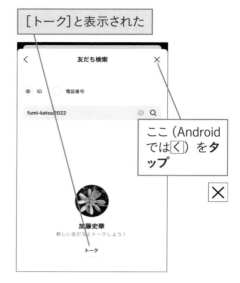

ここ（Android
では[<]）を**タ
ップ**

✕

6 IDから友だちを追加できた

[ホーム]画面が表示された

Androidでは[<]を再度タップして
[ホーム]画面を表示する

[友だち]をタップすると、追加した
友だちの一覧が表示される

10

友だちを増やす

表示された候補から 友だちを追加するには

ネタフル

LINEの［友だち追加］画面に［知り合いかも？］と表示されることがあります。もし知り合いであれば、友だちとして追加しておきましょう。

なお、ここに表示されるのは、あなたを友だちに追加している、あなたの「友だち」でないユーザーとなります。友だちに追加されたときは、知り合いかどうかを確認した上で、追加するようにしましょう。

1 友だちを選択する

レッスン07を参考に、［友だち追加］画面を表示しておく

追加したい友だちを**タップ**

2 友だちを追加する

友だちの詳細が表示された

❶友だちのアカウントであることを**確認**

白井真紀

❷［追加］を**タップ**

次のページに続く⟶

3 [知り合いかも?]から友だちを追加できた

友だちを追加できた

ここを**タップ**

4 [ホーム]画面を確認する

[ホーム]画面を表示する

[ホーム]を**タップ**

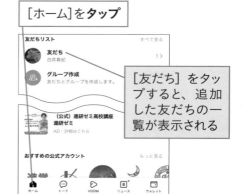

[友だち]をタップすると、追加した友だちの一覧が表示される

HINT **[知り合いかも?] って何?**

「[知り合いかも?]にはどんな人が表示されるの?」という質問をよく受けます。[知り合いかも?]には、以下のようなユーザーが表示されます。

● [知り合いかも?]に表示される可能性があるユーザー

心当たりがある人	相手が自分を[友だち]に登録している
	相手の電話帳に自分の電話番号が登録されている
心当たりがない人	ID検索で自分を[友だち]に登録している
	自分の電話番号を以前に使っていた人が、誰かのアドレス帳に登録されたままになっている

HINT **知り合いではない人が表示されたときには**

知り合いではない人から誤って友だちに追加され、[友だち追加]画面に表示されることがあります。追加する際は、知り合いかどうかしっかり確認しましょう。知らない人が表示されたときは、そのまま追加せずにしておくか、状況に応じてレッスン41の方法でブロックしましょう。もし、電話番号やID検索を通じて勝手に友だちに追加されたくないときは、レッスン39やレッスン40の方法で勝手に友だちに追加されないようにできます。

11

友だちを増やす

LINEを使っていない 友だちを招待するには

今やコミュニケーションツールとして欠かせなくなったLINE。私も遊びのお誘い、相談、楽しい雑談トーク、そして仕事の依頼やそのやりとりまでもがLINEで完結してしまうこともあります。まさに生活に必須のアプリといっても過言ではないでしょう。それでも本書をお読みのご友人の中には「登録の仕方がわからない」「私には難しい」なんて考え過ぎてしまい、登録していない方ももちろんいると思います。「簡単で楽しい」ということも、実際に使ってみないとわからないですよね。そんなときは説明するよりも［招待］して使ってみてもらうほうが早いと思います。招待する方法はとても簡単です。LINEは友だちが増えれば増えるほど楽しくなるアプリなので、ぜひ一緒に楽しみたい友だちを招待してみましょう。

1 ［招待］画面を表示する

レッスン07を参考に、［友だち追加]画面を表示しておく

［招待］を**タップ**

2 招待メッセージの送信方法を選択する

ここではSMSを選択する

［SMS］を**タップ**

次のページに続く──→

3　招待する友だちを選択する

[招待] 画面が表示され、iPhoneの
アドレス帳に登録されている連絡先
が一覧で表示された

❶招待したい友だちを**タップ**

❷[招待]を**タップ**

4　利用料金を確認する

利用料金の確認画面が表示された

送信先によって最低3円の料金が
発生する

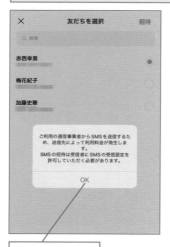

> ご利用の通信事業者からSMSを送信するた
> め、送信先によって利用料金が発生しま
> す。
> SMSの招待は受信者にSMSの受信設定を
> 許可していただく必要があります。
>
> OK

[OK]を**タップ**

5　招待メッセージを送信する

[新規メッセージ]画面が表示された

文章の内容は追記したり
変更したりできる

ここを**タップ**

招待メッセージが送信される

●相手の画面

相手には送信したメッセージが
SMSで届く

リンクをタップするとLINEの
アプリをダウンロードできる
Webページが表示される

12
追加した友だちを管理する
よく連絡する友だちを見やすくするには

「友だち自動追加」（レッスン38）をオンにしている場合、LINEはスマートフォンのアドレス帳に登録されている人から、すでにLINEを使っている人同士をマッチングしてくれます。長く携帯電話を使っているとアドレス帳の登録者も増え、中には数百人が登録され、そのままLINEの友だちも数百人になっている、というケースも珍しくありません。こうなると、目当ての人を探すのに手間がかかります。

そこで、［お気に入り］機能を利用して、連絡する頻度が高い人を見やすく表示してみましょう。［お気に入り］に登録した人は、友だちリストの［お気に入り］タブにまとめて表示できるので、見つけやすくなります。同じクラスの友だちや趣味のサークルのメンバーなど、よく連絡する人を登録するといいでしょう。なお、お気に入りに登録しても、そのことを相手に知られることはありません。

1 基本

2 友だちの追加

3 トーク

4 通話・投稿

5 プライバシー

6 グループ

7 トークルーム

8 活用

1 見やすく表示したい友だちを選択する

レッスン08を参考に、［友だちリスト］画面を表示しておく

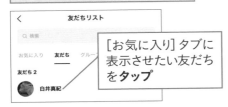

［お気に入り］タブに表示させたい友だちをタップ

2 友だちを［お気に入り］に登録する

友だちの詳細が表示された

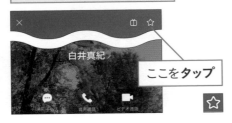

ここをタップ

3 友だちを［お気に入り］に登録できた

星のアイコンの色が変わった

ここをタップ

4 ［お気に入り］画面を表示する

［お気に入り］タブをタップ

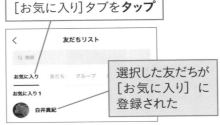

選択した友だちが［お気に入り］に登録された

13

追加した友だちを管理する

追加した友だちの表示名を変更するには

第2章　一緒に使う友だちを増やそう

スマートフォンの電話帳に登録していない知り合いを、LINEの友だちに登録すると、LINEでは、友だち自身がそれぞれに登録した名前が、こちらの画面に表示されます。例えばローマ字で書かれていたり、名字が変わっていたり、ニックネームを使っていたりとさまざま。自分になじみがない名前で友だちが登録している場合は「検索をしても出てこない」「友だちをリストから見つけづらい」ということがよくあるんです。その場合は、自分にとってなじみのある名前に変更することができます。

「でも、勝手に変えちゃったら相手はどうなるの?」という心配がありますが、大丈夫です。名前を変更しても、表示されるのはこちらの画面だけで、相手の画面では相手が登録した名前のままなので問題ありません。

1 [表示名の変更]画面を表示する

レッスン07を参考に、[友だちリスト]画面を表示しておく

ここでは友だちの名前を漢字に変更する

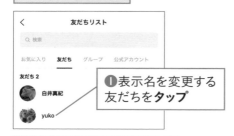

❶表示名を変更する友だちを**タップ**

友だちの詳細が表示された

❷ここを**タップ**

2 表示名を入力する

[表示名の変更]画面が表示された

❶表示名を**入力**

❷[保存]を**タップ**

選択した友だちの名字を変更できた

第3章

友だちとトークを
楽しもう

LINEでトークを楽しもう

LINEの中で最大のお楽しみともいえるのがこの「トーク」（チャット機能）です。もちろんスマートフォンなら、異なるキャリア間でもSMSなどの機能を使ってチャットのようなメールの送受信が可能です。ただし、SMSでのやりとりは受信料は無料でも、送信料として1通あたり最低3円かかってしまいます。しかし、LINEを使えば異なるキャリア間でも、通信料金のみで無料でトークができます。ユーザーのアイコンと一緒に吹き出しで文章が表示されたり、スタンプを使えたりと、LINEでのトークはとても楽しくて癖になりますよ。

スタンプでテンポよくやりとりできる

LINEのトークの中でとても楽しいのが「スタンプ」。LINEのスタンプは大きくて、表情も豊かで個性的。そして、たくさんのキャラクターと表情が用意されています。相手が送ってきたメッセージに対してスタンプ1個で返すことでテンポよくやりとりできるし、相手にも今の気持ちが伝わりやすいので楽しくコミュニケーションができます。

スタンプ
……レッスン16

感情を絵柄で
表現できる

第3章　友だちとトークを楽しもう

写真や地図も簡単にやりとりできる

LINEでは、トーク中に写真や地図を簡単に送ることができます。「あ、これ見てほしい！」という写真があるときや、友だちとの待ち合わせ場所の地図を送るときなどにも便利です。

写真を送る
……レッスン19、20

撮影した写真を
送信できる

場所を教える
……レッスン23、24

地図上で選択
した位置情報
を送信できる

グループでもトークを楽しめる

LINEでは、3人以上のグループでのトークも楽しめます。いつも仲のいいグループでトークしたり、サークルの連絡網として利用したり、仕事の打ち合わせをしたり、本人に内緒でサプライズパーティーの打ち合わせをしたりと、使い方はあなた次第。実は、このLINE本の執筆に関するやりとりもグループトークを利用して進行しています。グループでのトークは、第6章で解説します。

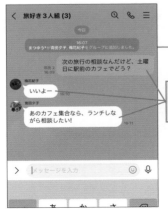

グループでチャットする
……レッスン54、55、56

複数の友だちとリアルタイムに
やりとりできる

1 基本

2 友だちの追加

3 トーク

4 通話・投稿

5 プライバシー

6 グループ

7 トークルーム

8 活用

友だちと会話を楽しむには

LINEのトークの醍醐味はトークのスピード感。文章を「ポン！」と入力すると「ポン！」と吹き出しで表示され、実際に会って喋っているような感覚で会話のキャッチボールができます。メッセージが送信されると、自分の発言は、「緑色の吹き出し」として右側に表示されます。相手のメッセージは「白い吹き出し」として左側に表示されます。相手がメッセージを読んだ場合は吹き出しの横に[既読]と表示され、相手がメッセージを読んだか読んでいないかもわかります。LINEなら、「ちゃんと届いてるかな？」なんて心配もいりません。

1 [友だちリスト]画面を表示する

レッスン05を参考に、[ホーム]画面を表示しておく

[友だち]を**タップ**

2 トークしたい友だちを選択する

[友だちリスト]画面が表示された

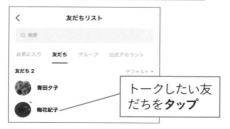

トークしたい友だちを**タップ**

3 トークを開始する

友だちの詳細が表示された

梅花紀子

[トーク]を**タップ**

4 メッセージを送信する

選択した相手とのトーク画面が
表示された

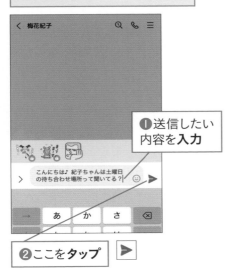

❶送信したい
内容を入力

❷ここをタップ ▶

5 メッセージを送信できた

メッセージが送信された

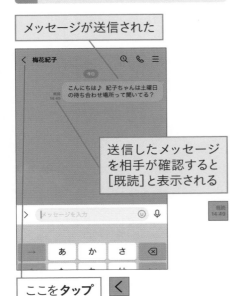

送信したメッセージ
を相手が確認すると
[既読]と表示される

ここをタップ ❮

6 トークの履歴が表示された

[トーク]画面が
表示された

トークの履歴が表示され、
タップすると同じ相手と
トークを再開できる

●相手の画面

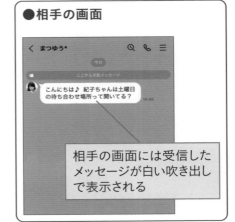

相手の画面には受信した
メッセージが白い吹き出し
で表示される

1 基本

2 友だちの追加

3 トーク

4 通話・投稿

5 プライバシー

6 グループ

7 トークルーム

8 活用

16

スタンプを送る

スタンプで今の気分を伝えるには

第3章 友だちとトークを楽しもう

LINEのトーク機能で一番楽しくて個性が出せるのが「スタンプ」です。LINEをやっている人に聞くとほとんどの人から「このスタンプを愛用してるよ」「最近はこれ！」という答えが返ってくるくらいスタンプはLINEにはなくてはならないものとなっています。スタンプは、個性的なキャラクターたちが「うれしい！」「楽しい！」「大好き！」「怒った！」「ガーン！」「しら〜」「疲れた……」「眠い」「悲しい……」「YES！」「NO！」「おやすみ！」「ありがとう！」などなど、数えきれないほどの感情やメッセージを自分に代わって表現してくれます。しかも使い方も簡単！　選んでタップするだけ。たった1つの画像なのに、まるで魂が吹きこまれたかのよう。スタンプを選んでワンタップで送信できるのでメールを書くのが苦手な人にもおすすめです。お手軽なのに心のこもったコミュニケーションができる便利機能です。スタンプはダウンロードすることで追加できます。

スタンプを送信する

1 スタンプの一覧を表示する

レッスン15を参考に、相手とのトーク画面を表示しておく

ここを**タップ** 🙂

2 スタンプを探す

ここでは「OK」のスタンプを探す

[OK]を**タップ**

3 スタンプを選択する

[OK] のスタンプ一覧が
表示された

使用したいスタンプを
タップ

4 スタンプを送信する

スタンプのプレビューが
表示された

ここを
タップ

5 スタンプを送信できた

選択したスタンプが送信された

ここをタップすると
キーボードに戻る

1 基本

2 友だちの追加

3 トーク

4 通話・投稿

5 プライバシー

6 グループ

7 トークルーム

8 活用

次のページに続く→

スタンプをダウンロードする

1 ダウンロードするスタンプの種類を選択する

54ページの手順1を参考に、スタンプを選択する画面を表示しておく

ダウンロードしたいスタンプを**タップ**

すぐにダウンロードが開始される

2 スタンプをダウンロードできた

ダウンロードが完了した

ダウンロードしたスタンプが一覧で表示された

スタンプのアイコンをタップするとそれぞれの一覧が表示される

HINT **いろいろなスタンプをダウンロードしよう**

最初から利用できる無料スタンプのほかに、「スタンプショップ」でスタンプを購入することもできます。詳しくはレッスン72で解説します。

第3章 友だちとトークを楽しもう

17

スタンプを送る

楽しいスタンプを使いこなそう

LINEスタンプには、LINEオリジナルキャラクターのもの、有名キャラクターやアニメやドラマキャラを使った公式スタンプ（有料・無料あり）、使用期限はありますが友だち登録をすることで無料で使える企業スタンプ、ユーザーが作ったオリジナルの「クリエイターズスタンプ」があります。動くものから、しゃべるもの、名前をカスタマイズして入れられるものまで、個性豊かなさまざまなスタンプがあり、それを使用することでトークも盛り上がります。長文が打てないときでも感情表現が豊かなスタンプの中から今の気持ちに合ったものを選び、「ポン」と送信するだけで簡単にコミュニケーションを取ることができます。星の数ほどあるスタンプたち。スタンプショップ（レッスン70、72）へ行って選ぶのもいいですが、友だちが使っていたスタンプで気に入ったものを見つけた場合、そのスタンプをタップすることで同じスタンプを簡単に購入することができます。あなたのイメージに合ったお気に入りスタンプをぜひ探して使ってみてくださいね。

スタンプショップ
……レッスン70、72

有料・無料のさまざまなスタンプをダウンロードできる

無料スタンプ
……レッスン70

企業のアカウントを友だち登録すると無料でダウンロードできる

1 基本

2 友だちの追加

3 トーク

4 通話・投稿

5 プライバシー

6 グループ

7 トークルーム

8 活用

18

絵文字を送る

絵文字付きの
メッセージを送るには

普段、携帯電話のメールやSMSで使っている絵文字と同じように、LINEでも
メッセージの中に絵文字を利用することができます。ここで紹介する絵文字は、
LINE専用の絵文字です。「ほかの携帯会社を使っているから絵文字が表示され
ない!」という心配がないのがメリットで、レッスン87で紹介しているパソコンで
の表示にも対応しています。文字とLINE専用絵文字を送信した場合は、絵文字
は文字と同じ大きさで表示されますが、LINE専用絵文字のみを送信した場合、
スタンプのように絵が大きくなって相手に届きます。スタンプをたくさん持ってい
ない人やシンプルなものが好きな方は、こちらを使うのもおすすめです。

1 スタンプと絵文字の選択画面を表示する

❶レッスン15を参考に相手に送りたいメッセージを**入力**

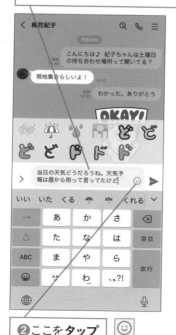

❷ここを**タップ** ☺

2 絵文字の選択画面を表示する

スタンプを選択する画面が表示された

ここを**タップ**

3 絵文字の種類を選択する

絵文字を選択する画面が表示された

❶使用したい絵文字の種類が表示されるまで左に**フリック**

❷使用したい絵文字の種類を**タップ**

4 絵文字を選択する

❶使用したい絵文字が表示されるまで上に**フリック**

使用したい絵文字が表示された

❷使用したい絵文字を**タップ**

5 絵文字を入れたメッセージを送信する

選択した絵文字が表示された

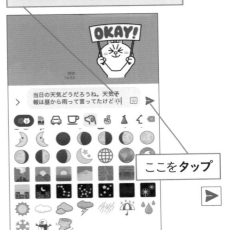

ここを**タップ**

6 絵文字を入れたメッセージを送信できた

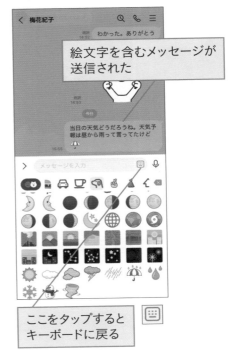

絵文字を含むメッセージが送信された

ここをタップするとキーボードに戻る

1 基本

2 友だちの追加

3 トーク

4 通話・投稿

5 プライバシー

6 グループ

7 トークルーム

8 活用

19 お気に入りの写真を 友だちに送るには

LINEでは、トーク中に写真を簡単にやりとりすることができます。スマートフォンに保存してあるお気に入りの写真をみんなに見せたり、盛り上がった話に出てきた写真をアップしたり、写真をやりとりしたりすることでトークの盛り上がりに華を添えてくれます。例えば、今日のご飯、お買い物の戦利品、子供の写真、ペットの写真、旅で撮ってきた素敵な風景、大切な人の写真などなど、文章やスタンプでは伝わらないけれど、写真なら伝わる何かがありますよね。とっても簡単なので、素敵な写真が撮れたら、今日の「素敵な1枚」としてぜひ友だちと共有してみてください。

1 写真の一覧を表示する

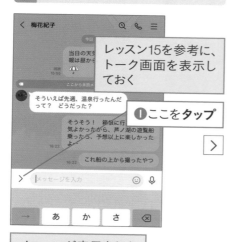

レッスン15を参考に、トーク画面を表示しておく

❶ここを**タップ**

メニューが表示された

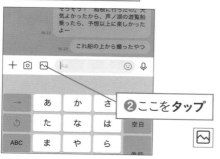

❷ここを**タップ**

2 写真を選択する

写真の一覧が表示された

複数の写真を順番にタップすれば同時に選択できる

❶送信したい写真を**タップ**

❷再度画像を**タップ**

選択した写真にはバッジが付く

3 写真を送信する

選択した写真を加工する画面が
表示された

ここでは写真をそのまま使用する

ここを**タップ**

4 写真を送信できた

写真が送信され、トーク画面に
サムネイルで表示された

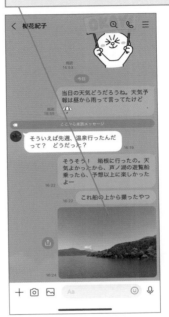

1 基本

2 友だちの 追加

3 トーク

4 通話・投稿

5 プライバシー

6 グループ

7 トーク ルーム

8 活用

●相手の画面

写真がサムネイルで表示される

写真をタップ

写真が大きな画面で表示された

ここをタップすると
写真を保存できる

20 その場で写真を撮って送るには

写真を送る場合、大体の人が今までに撮りためた写真を送信することが多いと思います。LINEではスマートフォンに保存してある写真以外に、その場で撮影した写真をすぐに送信することも簡単にできます。例えば「今ここだよ～！」なんて写真を送るときや「手書きメモを撮って送りたい」なんてときには便利ですね。今現在の状況を写真で伝えたいときは、このカメラ機能を使ってみましょう。

1 カメラを起動する

レッスン19を参考に、 ▷ をタップしてメニューを表示しておく

ここを**タップ**

保存してある写真を送りたいときは画像のアイコンをタップする

2 写真を撮影する

カメラが起動した

❶撮影したいものに合わせて**タップ**

撮影したいものにピントが合った

❷ここを**タップ**

3 写真が撮影できた

ここをタップすると撮影を
やり直せる

これらのアイコンを
タップすると写真を
加工できる

ここでは写真を
そのまま使用する

ここを
タップ

4 撮影した写真を送信できた

撮影した写真が送信され、トーク
画面にサムネイルで表示された

HINT 画像をオリジナル画質で送信しよう！

LINEでは普通に画像を送信する
と、パケット通信費の負担を減ら
すためにあらかじめ圧縮された画
像が送信されるようになっていま
す。もちろん、オリジナル画質の
送受信も可能です。写真を選んだ
あとに [ORIGINAL] のアイコンを
タップして送信すればきれいな写
真を送信できます。

60ページの手順
2を参考に、写真
を選択しておく

[ORIGINAL]
を**タップ**

動画や容量の大
きな写真、LINE
で編集した写真
は標準の解像
度で送信される

1 基本

2 友だちの追加

3 トーク

4 通話・投稿

5 プライバシー

6 グループ

7 トークルーム

8 活用

特別なシーンを 動画で送るには

ネタフル

手軽に撮って、手軽に送る。スマートフォンが普及して動画がより身近になりました。みなさんも動画を撮影する機会が増えているのではないでしょうか。友だちや家族と一緒に撮影した動画をシェアしたい場合にも、LINEは簡単です。基本的には写真と同じ手順で、動画もトークに送信できます。たまにしか会わない人や会えない人にも動画を送ると喜ばれますよ。送信できる動画は最大5分です。長い動画は送信する側も受信する側も、それだけパケットを消費するので注意してください。またオリジナルよりもサイズが圧縮されるので、画質は落ちます。

第3章 友だちとトークを楽しもう

1 カメラを起動する

レッスン19を参考に、▷をタップしてメニューを表示しておく

ここを**タップ**

2 撮影を開始する

カメラが起動した

❶[動画]を**タップ**

動画の撮影画面が表示された

❷ここを**タップ**して撮影開始

3 撮影を終了する

動画撮影中は赤い丸と撮影時間が
表示される

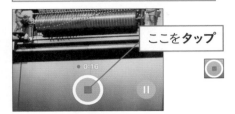

ここを**タップ**

4 動画を切り取る

撮影した動画が再生される

❶ここを**タップ**

動画をトリミングする画面が
表示された

バーをスライドして前後を
トリミングできる

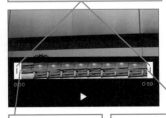

❷開始位置の
バーを右へ**ス
ライド**

❸終了位置の
バーを左へ**ス
ライド**

5 撮影した動画を送信する

動画の前後を切り取ることができた

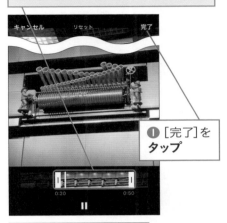

❶[完了]を
タップ

元の画面が表示された

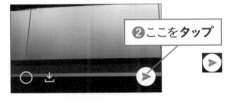

❷ここを**タップ**

6 動画を送信できた

撮影した動画が送信できた

次のページに続く→

●相手の画面

動画を受信した

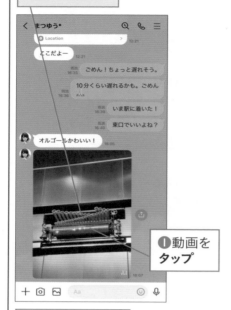

❶動画を**タップ**

動画の再生が終わった

ここをタップすると動画を
スマートフォンに保存できる

動画が再生された

❷動画を**観る**

22 ボイスメッセージを 送るには

LINEでは写真や動画などさまざまなものを送信できますが、「ボイスメッセージ」もなかなかユニークな機能です。ただ単に音声を送るだけ、といってしまうと確かにそうなのですが、使い方によっては、便利な機能に早変わりします。テキストでは味気ないけれど、お互いの生活時間帯がずれていたりする場合に、交互にボイスメッセージを送り合うことで、時間差があっても心のこもったボイスチャットができるようになります。

1 音声の録音をはじめる

レッスン15を参考に、相手との
トーク画面を表示しておく

ここを**タップ**

LINEがマイクへのアクセスを
求める画面が表示された場
合は[OK]をタップする

2 音声の録音を開始する

ボイスメッセージの録音画面が
表示された

ここを**ロングタッチ**

次のページに続く →

できる　67

右側サイドタブ:
1 基本
2 友だちの追加
3 トーク
4 通話・投稿
5 プライバシー
6 グループ
7 トークルーム
8 活用

3 音声を録音する

音声の録音が開始された

❶録音したいメッセージを**話す**

❷ここから指を**離す**

キャンセルしたいときは押している指をボタンからドラッグする

4 ボイスメッセージを送信できた

録音したボイスメッセージが送信された

●相手の画面

ボイスメッセージを受信した

ここを**タップ** ▶

ボイスメッセージが再生された

23

トークの機能を活用する

地図上で現在地を 知らせるには

「あれ、待ち合わせ場所はどこだったっけ？」なんてこと、よくありますよね。そんなときには、今いる場所を教えることができる地図機能が便利です。［位置情報］をタップすると今いる住所をトークに投稿してくれます。相手がその情報をタップすると地図が表示される仕組みになっています。私が経験した面白い使い方は、3kmウォーキングをしていたとき、LINEで友だちからのメッセージを受信したので「今ここだよー」と有名な場所を通るたびに現在地をお知らせしました。友だちには私が地図上で移動している様子が伝わるので、「おお！速いねー」などとメッセージをやりとりして、一緒にバーチャルお散歩体験ができました。私の例のように地図機能は使い道によっていろいろ遊べると思いますので、ぜひ使ってみてください。

1 メニューを表示する

レッスン19を参考に、☑をタップしてメニューを表示しておく

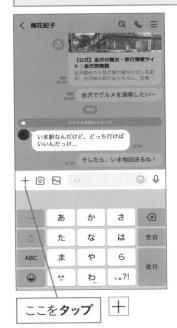

ここを**タップ** ＋

2 ［位置情報］画面を表示する

メニューが表示された

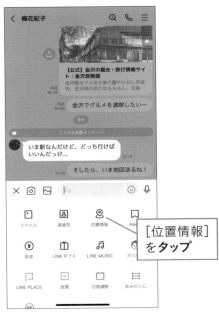

［位置情報］を**タップ**

次のページに続く──→

3 位置情報を送信する

位置情報の利用確認画面が表示
されたときは [OK]をタップ

現在地が地図に表示された

❶位置を確認

❷ [送信]を
タップ

マップをドラッグすると
位置を調整できる

4 現在地を送信できた

位置情報が送信された

●相手の画面

位置情報が届いた

位置情報を
タップ

地図上に位置が表示された

24

トークの機能を活用する

待ち合わせの場所を
共有するには

LINEのトークルームでやりとりしているうちに、食事や遊びの約束、仕事の待ち合わせなどに発展することもあると思います。LINEでは、集合するお店や場所を、簡単にみんなで共有できます。位置情報を決定して送信すると、相手には、お店や場所などの位置情報が吹き出しの中に届きます。相手はそれをタップすると地図上で位置を確認できます。待ち合わせに便利なのでぜひ使ってみてくださいね。この機能のおかげで道に迷う人が減った気がします。

1 基本

2 友だちの追加

3 トーク

4 通話・投稿

5 プライバシー

6 グループ

7 トークルーム

8 活用

1 検索したい場所のキーワードを入力する

レッスン23を参考に、[位置情報]画面を表示しておく

検索ボックスを**タップ**

2 場所を検索する

キーワードを入力できる状態になった

❶検索したい場所のキーワードを**入力**

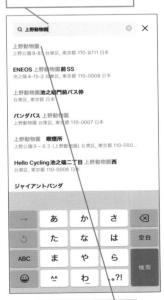

❷検索結果を**タップ**

次のページに続く→

3 位置情報を送信する

位置情報が検索され、
詳細が表示された

[送信]を**タップ**

4 位置情報を送信できた

位置情報が送信された

タップすると地図が
表示される

HINT 位置情報を検索できないときは

検索ボックスに検索キーワードを入力しても、行きたいお店や場所の名前が登録されていない場合があります。そんなときは、住所を入力してその場所に「 ⬤ 」を配置するか、地図画面で指をスライドさせて位置を決めましょう。そのあとに [送信]をタップすればOKです。

URLで気になる情報を伝えるには

LINEではトーク中にURLを送れます。例えば、おすすめのWebページを紹介したり、話題のニュース記事のURLを貼り付けたり、今日みんなで行くお店の情報を貼り付けたりというように、情報の共有に役立ちます。操作は簡単で、送信したいWebページのURLをコピーして入力ボックスに貼り付け、[送信]をタップすれば完了です。相手はそのURLをタップすればWebページを見ることができます。URLはトーク画面に残るので、あとから送ったWebページをチェックすることも可能です。

1 基本

2 友だちの追加

3 トーク

4 通話・投稿

5 プライバシー

6 グループ

7 トークルーム

8 活用

iPhoneの操作

Android の手順は 75 ページから

1 URLをコピーする

Safari でURLを送信したい
Webページを表示しておく

❶ URLを**ロングタッチ**

❷ [コピー]を**タップ**

URLがコピーされた

2 URLを貼り付ける

レッスン15を参考に、トーク
画面を表示しておく

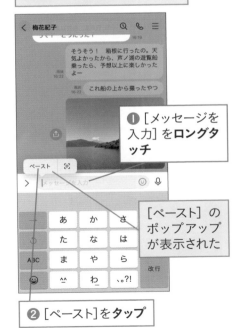

❶ [メッセージを入力]を**ロングタッチ**

[ペースト]のポップアップが表示された

❷ [ペースト]を**タップ**

次のページに続く →

3 URLを送信する

URLが貼り付けられた

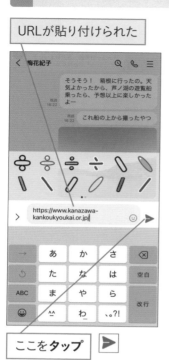

ここを **タップ** ▶

4 URLを送信できた

URLがリンク付きで送信された

●相手の画面

URLを受信した

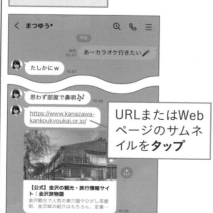

URLまたはWeb
ページのサムネ
イルを **タップ**

Webページが表示された

1 URLをコピーする

ブラウザでURLを送信したい
Webページを表示しておく

❶URLを**タップ**

❷ここを**タップ**

URLがコピーされた

2 URLを貼り付ける

レッスン15を参考に、相手との
トーク画面を表示しておく

❶ここを**ロングタッチ**

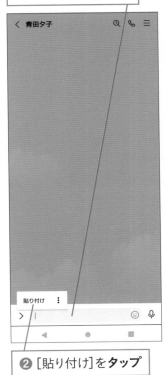

❷[貼り付け]を**タップ**

次のページに続く──→

1 基本

2 友だちの追加

3 トーク

4 通話・投稿

5 プライバシー

6 グループ

7 トークルーム

8 活用

3 URLを送信する

URLが貼り
付けられた

ここを**タップ**

4 URLを送信できた

URLがリンク付きで送信された

26 トークの機能を活用する

間違えたメッセージを削除するには

LINEを利用している人によくある後悔といえば、相手やトークルームを間違えてメッセージを送信してしまういわゆる「誤爆」と呼ばれる失敗。誤爆を体験したことのある人は利用者の約8割以上といわれています。LINEで誤爆してしまったときに便利なのが、「送信取消」の機能です。ただし、取り消せるのは「送信後24時間以内」のメッセージに限られます。またこの機能で削除しても、相手の画面には「メッセージの送信を取り消しました」と表示されるので、何かを送信して消したことは気付かれてしまいます。くれぐれもメッセージの誤送信にはお気をつけください。

1 メニューを表示する

間違ってグループトークに個人宛のメッセージを送ってしまったのでメッセージを取り消す

取り消したいメッセージを**ロングタッチ**

メッセージを取り消せるのは24時間以内

2 送信を取り消す

メニューが表示された

[送信取消]を**タップ**

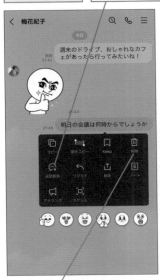

[削除]は自分のトーク履歴から消えるだけで、送信先のトーク履歴には残る

次のページに続く→

1 基本

2 友だちの追加

3 トーク

4 通話・投稿

5 プライバシー

6 グループ

7 トークルーム

8 活用

3 取り消しを実行する

相手のLINEのバージョンが古いと
取り消し機能が働かないこともある

[送信取消]を**タップ**

4 メッセージを取り消した

メッセージの送信を取り消せた

送信したメッセージを取り消した
という表示は残る

●相手の画面

相手の画面ではメッセージの
内容は取り消されるが、誰が
メッセージの送信を取り消した
のかという履歴の表示は残る

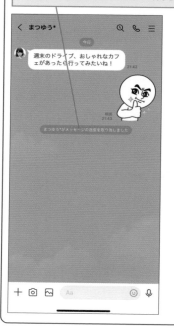

27

トークの機能を活用する

トークルームを
ピン留めするには

ネタフル

やりとりをするトークルームの数が増えてくると、頻繁にやりとりしているトークルームがスマートフォンの画面の中に収まりきらなくなっていきます。旅行の打ち合わせをしているトークルームは常に見えるところに置いておきたいなとか、もしくは、やりとりの頻度は高くないけれど、すぐにアクセスしたい家族用トークルームなどもあることでしょう。そんなときに便利に使えるのがトークルームのピン留めです。トークルームを右にスワイプしピン留めすることで、未読や投稿した時期に関わらず、常に上部にピン留めしたトークルームが表示され、アクセスしやすくなって便利です。

---

iPhoneの操作

Androidの手順は 80 ページから

1 ピン留めしたいトークルームを選択する

レッスン15を参考に、［トーク］画面を表示しておく

❶ピン留めしたいトークルームを右に**スワイプ**

トーク ▾

梅花紀子　16:24
写真を送信しました

旅好き3人組 (3)　16:11
あのカフェ集合ならランチしながら相談したい！

ピンボタンと通知のオン/オフを設定するボタンが表示された

トーク ▾

梅花紀子　16:24
写真を送信しました

旅好き3人組 (3)
あのカフェ集合なら、ランチしたい！

❷ここを**タップ**

2 トークルームをピン留めできた

トークルームをピン留めできた

トーク ▾

旅好き3人組 (3)　16:11
あのカフェ集合なら、ランチしながら相談したい！

梅花紀子　16:24
写真を送信しました

Keepメモ
あなただけが見ることができるトークルームです。メモ代わりに、テキストや写真、動…

ホーム　トーク　VOOM　ニュース　ウォレット

次のページに続く→

1 基本

2 友だちの追加

3 トーク

4 通話・投稿

5 プライバシー

6 グループ

7 トークルーム

8 活用

1 ピン留めしたいトークルームを
選択する

2 トークルームをピン留めできた

レッスン15を参考に、[トーク]画面
を表示しておく

トークルームをピン留めできた

❶ピン留めしたいトークルームを
ロングタッチ

メニューが表示された

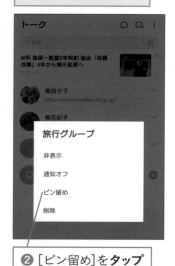

❷[ピン留め]を**タップ**

第3章
友だちとトークを楽しもう

HINT **iPhoneでトークルーム
を非表示にするには**

トークルームのピン留めが必要
なくなったら、ピン留めを解除し
ます。ピン留めしたときと同じよ
うに、左から右にスワイプする
と、ピン留めを解除するメニュー
が表示されます。また、逆に右
から左にスワイプすると、トーク
ルームを削除するボタンも表示
されます。

トークルームを左に**スワイプ**

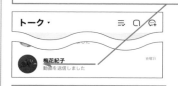

[非表示]ボタンと[削除]
ボタンが表示された

28 トークのデータを削除するには

LINEを使い続けていると、アプリのデータ容量が大きくなってくることに気付く人もいるかと思います。これは写真やテキストなどのデータが溜まっていくことに加え、「キャッシュ」と呼ばれる一時的なデータが増えていくことによります。このキャッシュはスマートフォンの容量を圧迫しますので、削除すると容量を節約することができます。キャッシュを削除しても、トーク履歴は消えないので安心してください。

1 [設定]画面を表示する

レッスン05を参考に［ホーム］画面を表示しておく

ここを**タップ**

2 [設定]の [トーク]画面を表示する

[設定] 画面が表示された

❶画面を下に**スクロール**

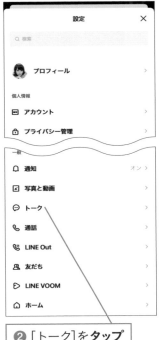

❷ [トーク]を**タップ**

次のページに続く→

右側タブ:
1 基本
2 友だちの追加
3 トーク
4 通話・投稿
5 プライバシー
6 グループ
7 トークルーム
8 活用

3 [データの削除]画面を表示する

[設定]の[トーク]画面が
表示された

❶画面を下に**スクロール**

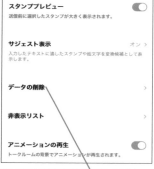

❷[データの削除]を
タップ

4 キャッシュを削除する

[データの削除]画面が表示された

ここではキャッシュを削除する

[キャッシュ]の[削除]を**タップ**

キャッシュが削除される

HINT トークごとにデータを削除できる

それぞれのトークには写真や動画、ボイスメッセージ、ファイルなどを投稿
できますが、これらのデータもスマートフォンの容量を圧迫します。公式ア
カウントのトークなどで不要なデータがある場合は、手順4の画面で[トー
クごとにデータを削除]をタップして、トークごとに削除できます。トークの
内容は残しつつ、動画など容量が大きめのファイルを削除することで、スマー
トフォンの容量を節約できます。

第4章

無料通話やビデオで
やりとりしよう

無料通話を楽しむ

無料で音声通話を
楽しむには

LINEのうれしいところは、友だちといくら音声通話してもタダなところ。LINEでつながってさえいれば音声通話することができちゃいます。長電話が好きな人、学生さん、遠距離恋愛中の方、海外にいる友だちと話したいとき……などなど、相手がLINEさえ使っていれば無料で話せる、本当に助かるアプリです。基本的に音声通話は5G/4G/3G回線でもWi-Fiでも安定していますが、音声通話が通じにくくなったときは、一度切ってかけ直すとよくなることもあるのでお試しあれ。あとからの高額な電話代請求もありません。しかも海外での使用も可能。私は海外に行ったときはメッセージも音声通話もLINEを使用していましたが、まったく問題なく利用できました。

第4章　無料通話やビデオでやりとりしよう

1 音声通話する相手を選択する

レッスン15を参考に、[友だちリスト]画面を表示しておく

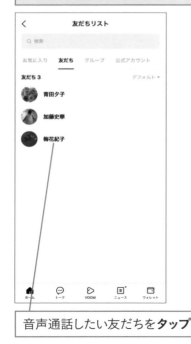

音声通話したい友だちを**タップ**

2 音声通話をはじめる

友だちの詳細が表示された

❶[音声通話]を**タップ**

❷[開始]を**タップ**

HINT　相手からの音声通話に応答できなかったときは

「無料通話を試してみたけどつながらない！」そんなときは、トーク画面に吹き出しで受話器のマーク付きで[不在着信]と表示されます。そのマークをタップすると、簡単に同じ相手にかけ直すことができます。

[不在着信]と記録される

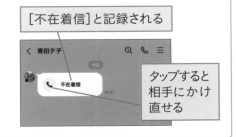

タップすると相手にかけ直せる

3　マイクへのアクセスを許可する

初回利用時はマイクへのアクセスについての画面が表示される

[OK]（Androidでは[アプリの使用時のみ]）を**タップ**

4　相手の応答を待つ

相手を呼び出す画面が表示された

相手の応答を**待つ**

●相手の画面（スリープ時）

着信が表示された

ここを右へ**スワイプ**

●相手の画面（利用時）

画面上部に着信が表示された

ここを**タップ**

Androidでは🔲を右へスワイプするか、[応答]をタップする

1 基本

2 友だちの追加

3 トーク

4 通話・投稿

5 プライバシー

6 グループ

7 トークルーム

8 活用

次のページに続く→

5　無料で音声通話ができた

相手との音声通話がはじまった

［マイクをオフ］をタップすると一時的に相手に音声が伝わらなくなる

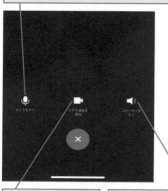

［ビデオ通話を開始］をタップすると、映像付きで通話ができる

［スピーカーをオン］をタップするとスピーカーフォンの状態にできる

6　音声通話を終了する

相手との話が終わった

ここをタップ

7　通話を終了できた

音声通話が終了した

［トーク］をタップ

Androidではレッスン15を参考に、トーク画面を表示する

8　音声通話の履歴が表示された

当日の天気どうだろうね。天気予報は昼から雨って言ってたけど

そういえば先週、温泉行ったんだって？　どうだった？

そうそう！　箱根に行ったの。天気よかったから、芦ノ湖の遊覧船乗ったら、予想以上に楽しかったよー

これ船の上から撮ったやつ

音声通話
0:18

音声通話時間が表示された

無料通話を楽しむ

トークの最中に 通話したくなったときは

トークしている最中に「話したほうが早くない?」なんてことになった場合、すぐに音声通話できるワザがあります。 画面右上にある [📞] をタップして [無料通話] をタップすると、これだけでトーク中の相手と音声通話をすることができます。 この機能は1対1のトークでしか利用できないのでご注意を。 また、音声通話をしたことがある相手の場合は、 トークの画面上にある「白い受話器と不在着信の吹き出し」(📞) か「緑の受話器のマーク」(📞) をタップして [音声通話] をタップするだけで簡単に音声通話できちゃいます。 私はここから音声通話をはじめることが多いです。

1 トーク画面から音声通話する

レッスン15を参考に、相手とのトーク画面を表示しておく

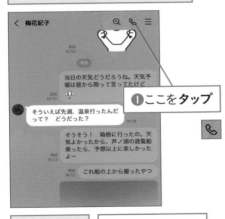

❶ここを**タップ**

メニューが表示された

❷ [音声通話] を**タップ**

2 トーク画面から音声通話できた

音声通話が開始された

無料通話を楽しむ

取り込み中に着信を
拒否するには

集中したいときや、トークは利用したいけれど通話機能は利用したくないときなどは、一時的に通話の着信を拒否するように設定しましょう。着信拒否をしているユーザーに通話すると、しばらく呼び出したあと、相手が呼び出しに気付かなかったときと同じメッセージが表示されます。そのため、着信を拒否していることは、相手には伝わりません。一方、拒否した側の端末では、着信があればトーク画面にメッセージが表示されます。

第4章 無料通話やビデオでやりとりしよう

1 [設定]画面を表示する

レッスン05を参考に、[ホーム]画面を表示しておく

ここを**タップ**

2 [通話]画面を表示する

[設定]画面が表示された

❶画面を下へ**スクロール**

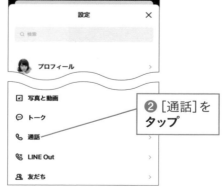

❷[通話]を**タップ**

3 着信許可をオフにする

[通話]画面が表示された

[通話の着信許可]のここを**タップ**して、オフに設定

着信しない状態にできる

ビデオ通話を楽しむ

ビデオ通話を
楽しむには

LINEでは、相手の顔を見ながら「ビデオ通話」ができるのも良いところです。
家族、友人、なかなか会えない人たちとのコミュニケーションにとても便利です。
現在は気軽に会って食事に行ったり、帰省することができにくい世の中になりま
したが、大切な人とのコミュニケーションもLINEのビデオ通話なら叶えてくれま
す。利用は無料ですが、ただし多くのパケット通信が行われるので、パケット
定額プランに入っていない場合は注意が必要です。Wi-Fi環境を使用しての通
話をおすすめします。

1 ビデオ通話する相手を表示する

レッスン29を参考に、友だちの
詳細画面を表示しておく

[ビデオ通話]を**タップ**

2 ビデオ通話を開始する

ビデオ通話を開始する確認
画面が表示された

[開始]を**タップ**

滝沢孝之とビデオ通話を開始し
ますか？

キャンセル　　　開始

次のページに続く→

3 相手の応答を待つ

相手を呼び出す画面が表示された

相手の応答を**待つ**

4 ビデオ通話ができた

相手とのビデオ通話がはじまった

画面左上に自分の顔が表示される

[カメラをオフ]をタップすると、自分の顔が相手に表示されなくなる

[マイクをオフ]をタップすると一時的に相手に音声が伝わらなくなる

ビデオ通話を終了する

ここを**タップ**

ボタンが表示されていないときは、画面をタップする

HINT **トーク画面からもビデオ通話をはじめられる**

トークしている最中に、ビデオ通話をはじめることもできます。レッスン30を参考に、トーク画面から通話のメニューを表示して、[ビデオ通話]をタップすると、ビデオ通話が開始されます。

ビデオ通話が終了し、友だちの
詳細画面に戻った

[トーク]を**タップ**

[トーク]画面
が表示された

ビデオ通話の時
間が表示される

●相手の画面（スリープ時）

着信が表示された

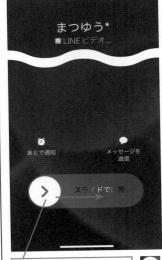

ここを右へ**スワイプ**

●相手の画面（操作時）

画面上部に着信が表示された

ここを**タップ**

Androidでは📞を右へスワイプ
するか、［応答］をタップする

1 基本

2 友だちの追加

3 トーク

4 通話・投稿

5 プライバシー

6 グループ

7 トークルーム

8 活用

次のページに続く→

ビデオ通話中に、顔や背景にエフェクトが加えられます。「フィルター」は6種類。ナチュラルなものから美白モードまで、メイクをしなくてもビデオ通話ができます。またおすすめなのが「背景」の効果です。部屋をぼかすこともできますし、かわいい背景を選べば部屋を見せずに通話することが可能です。また「顔エフェクト」でウサギの耳などのエフェクトを加えたり、「スタンプ」でスタンプを画面に写すこともできるので、楽しんで通話してみてください。

90ページの手順4を参考に、ビデオ通話画面を表示しておく

❶ [エフェクト]を**タップ**

ここでは背景にエフェクトをかける

❷ [背景]を**タップ**

❸背景のエフェクトを**タップ**

自分の背景にエフェクトが加えられた

再度タップするとエフェクトが解除される

LINE VOOM って何？

ネタフル

LINE VOOMは、ショート動画などの投稿が楽しめる機能です。以前のLINEアプリでは「タイムライン」と呼ばれていた機能が、動画プラットフォームとして強化されLINE VOOMとして生まれ変わりました。おすすめ動画を見たり、フォローしたアカウントのコンテンツを楽しむことができます。まずはできることと画面構成などの基本を解説します。

ショート動画などの投稿が楽しめる

LINE VOOMは画面中央の［VOOM］をタップすると表示されます。最初に開く画面にはおすすめの動画が自動で表示される［おすすめ］が表示されます。フォローしているアカウントの投稿を見る［フォロー中］と切り替えて使います。

◆［おすすめ］画面
好みに合った動画や人気の動画が表示される

◆［フォロー中］画面
フォローしたアカウントの投稿が表示される

次のページに続く→

「フォロー」と「友だち」の違い

LINE VOOMでは「友だち」とは別に、「フォロー」をしたアカウントの投稿が表示されます（友だちをフォローすることもできます）。まずはVOOMで面白い投稿をしているアカウントや、企業の公式アカウントを「フォロー」してみましょう。

●LINE VOOMでの「フォロー」
- 「友だち」とは独立して管理される
- LINE VOOM でフォローしても、友だちとしては登録されない
- 友だちを LINE VOOM でフォローすることもできる

動画や画像、文章などを投稿できる

[フォロー中]画面には、公式アカウントや友人など、フォローをしているアカウントの投稿が表示されます。動画や画像、文章などを公開できる「投稿」のほかに、画面の上部には24時間限定の「ストーリー」が表示されます。手軽なコミュニケーションはストーリーを利用してもいいでしょう。

◆ストーリー
24時間で消える、期間限定の投稿ができる

◆投稿
動画や画像、文章などを、公開範囲を設定して投稿できる

34

LINE VOOMを楽しむ

LINE VOOMを使いはじめるには

ネタフル

LINE VOOMをはじめて使うときには「フォローの初期設定」を使うと便利です。LINEで友だち登録をしている相手から「フォロー」する候補が表示されるので、VOOMでもフォローしたい人だけを選んでフォローしましょう。LINEの友だちではなく、あくまでもフォローした人が[フォロー中]画面に表示されるようになります。

1 [VOOM]画面を表示する

レッスン05を参考に、[ホーム]画面を表示しておく

[VOOM]を**タップ**

2 フォローの初期設定を開始する

[VOOM]画面が表示された

❶[フォロー中]を**タップ**

❷[フォローの初期設定はこちら]を**タップ**

説明画面が表示された

**友だちから
フォローへ**

これからはLINE友だちではなく、フォローしたアカウントの投稿が表示されます。

❸フォローの候補が表示されるまで**待つ**

次のページに続く──→

3 友だちのフォローを設定する

友だちの一覧画面が表示された

ここでは、LINEの友だち
全員をフォローする

フォローを外すときは、ここをタップ
してチェックマークを外す

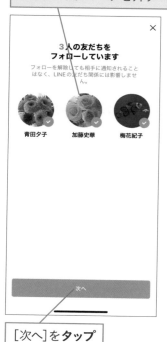

[次へ]を**タップ**

4 公式アカウントのフォローを設定する

公式アカウントのフォロー
画面が表示された

ここでは設定を変えずに
操作を進める

[完了]を**タップ**

5 フォローの初期設定が完了した

[アップデート完了]と表示された

[確認]を**タップ**

友だちや公式アカウントを
LINE VOOMでフォローして、
閲覧できるようになった

35

LINE VOOMを楽しむ

LINE VOOMに投稿するには

ここではLINE VOOMの投稿の公開範囲について解説します。当たりさわりのない文章を投稿するだけなら、公開範囲を気にする必要はありません。しかし、「失恋した……」とか「試験で落第した……」とか、限られた友人にだけ報告したいプライベートな内容を投稿したいこともあります。あえて書く必要がないという意見もあるかもしれませんが、仲のいい友だちから「がんばれ」という趣旨のスタンプが付くだけでも、励まされるものです。LINE VOOMの投稿はオープンな日記のようなものですが、公開範囲を設定することで、ちょっとつらい気持ちや、ちょっとうれしい気持ちを吐き出せる場所にもなります。

公開範囲って何?

公開範囲とは、LINE VOOMへ投稿した内容を閲覧できる人たちを誰にするかという範囲です。公開時に、[全体公開][公開リスト][自分のみ]の3つから公開範囲を選択できます。

[全体公開]は誰でも閲覧ができる設定です。[自分のみ]は自分だけが閲覧できる、いわば日記のように使える設定といえるでしょう。

[公開リスト]を作成しておくと、投稿時に読ませたい相手を選択することができます。「高校の友だち」「地元の友だち」といったグループごとにリストを作成するといいでしょう。公開範囲に含めていない人には、LINE VOOMの投稿を読まれることはありません。

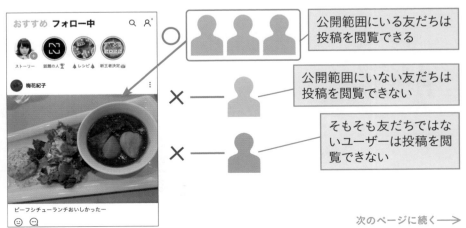

公開範囲にいる友だちは投稿を閲覧できる

公開範囲にいない友だちは投稿を閲覧できない

そもそも友だちではないユーザーは投稿を閲覧できない

次のページに続く➡

1 基本

2 友だちの追加

3 トーク

4 通話・投稿

5 プライバシー

6 グループ

7 トークルーム

8 活用

公開範囲を設定して文章を投稿する

1 [VOOM]画面を表示する

レッスン05を参考に、[ホーム]
画面を表示しておく

[VOOM]を**タップ**

2 投稿する画面を表示する

[VOOM]画面が
表示された

❶[フォロー中]
を**タップ**

❷ここを**タップ**

3 投稿する画面を表示する

メニューが表示された

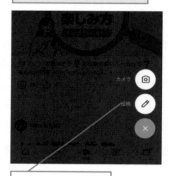

[投稿]を**タップ**

4 公開範囲を設定する

投稿する画面が表示された

ここでは投稿範囲を設定してから
投稿する

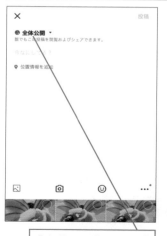

[全体公開]を**タップ**

1 基本

2 友だちの追加

3 トーク

4 通話・投稿

5 プライバシー

6 グループ

7 トークルーム

8 活用

5 [公開リスト]画面を表示する

[公開設定]画面が表示された

標準では [全体公開]にチェック
マークが付いている

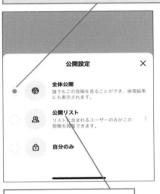

[公開リスト]を**タップ**

6 [ユーザーを選択]画面を 表示する

[公開リスト]画面が表示された

ここでは一部の友だちだけが閲覧
できる友だちリストを作成する

[リストを追加]を**タップ**

7 公開する友だちを選択する

❶公開したい友だち
を**タップ**してチェック
マークを付ける

❷ [次へ]
を**タップ**

8 リスト名を入力する

[新規リスト]画面が表示された

❶リスト名を**入力**

❷ [保存]を**タップ**

次のページに続く──➤

9 公開範囲を選択する

[公開リスト]画面が表示された

❶作成した友だちリストを**タップ**

❷画面左上の [×]（Androidでは [<]）を
タップ

作成した友だちリストは次回の
投稿からも選択できる

❸ [×]を**タップ**

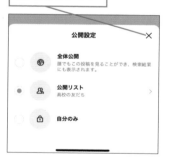

10 入力画面を表示する

[今なにしてる?]を**タップ**

11 文章を入力する

投稿する内容を入力する画面が
表示された

❶文章を**入力**

❷ [投稿]を
タップ

12 文章が投稿された

投稿した内容がVOOMに表示された

HINT 公開リストの内容は
自分だけが確認できる

LINE VOOMは見せたい人、見せ
たくない人で公開範囲を設定す
ることができます。ここで設定す
る公開リストの「リスト名」や「メ
ンバー」は他人からは知られるこ
とはありません。

投稿した内容の公開範囲を確認する

1 投稿の公開範囲を表示する

98ページを参考に、［フォロー中］
画面を表示しておく

ここを**タップ**

2 投稿の公開範囲が表示された

［この投稿の公開範囲］画面が
表示された

公開範囲に含まれるメンバーが
表示された

1 基本

2 友だちの追加

3 トーク

4 通話・投稿

5 プライバシー

6 グループ

7 トークルーム

8 活用

HINT トークとLINE VOOMを使い分けよう

トークは双方向のやりとりに向いています。主に返信が欲しかったり、既読で相手が読んだことを確認したかったりするような場合です。それに対してLINE VOOMの投稿は、ある程度は一方通行です。必ずしも反応があることを期待して投稿するものではありません。そのため、日記や告知のような内容に向いているといえるでしょう。

友だちの投稿に コメントするには

LINE VOOMの［フォロー中］画面を表示すると、フォロー中のアカウントの投稿を見ることができます。見ていると、いろいろな投稿がいっぱい！ おいしそうな食べ物、楽しそうな旅行、お買い物情報や、写真、スタンプ、ひと言。それを見て、何か感じたり思ったりしたら、コメントやリアクションのスタンプを押してみましょう。LINEでは6種類の顔文字スタンプがあり、ただの［いいね］ではなく喜怒哀楽を表現できます。TPOに合わせて、自分の感情のリアクションに合わせてスタンプを押すことでより気持ちが相手に伝えやすくコミュニケーションも取りやすいのが特徴です。

友だちの投稿にコメントを付ける

ここをロングタッチすると、フォロー中の友だちの投稿にスタンプが付けられる

ここをタップすると、フォロー中の友だちの投稿にコメントが付けられる

37

ストーリーで時間限定の投稿をするには

LINE VOOMの［フォロー中］画面に切り替えると、上部にストーリーという機能があります。Instagramストーリーズと似た機能と思っていただけるとわかりやすいと思います。LINEストーリーは、画像なら1枚、動画なら15秒以内、24時間だけ友だちが見られる仕組みになっています。日常のちょっとしたことや、今言いたいひと言などを動画や画像とともに気軽に発信できます。友だちがストーリーを更新したら、［フォロー中］画面の上部に横並びに表示されます。編集する際は、文字やラインスタンプも使用できます（一部使えないものもあり）。いいね！も押せるので、コミュニケーションツールとしてぜひ試してみてください。

1 ストーリーの撮影画面を表示する

レッスン35を参考に、［フォロー中］画面を表示しておく

［ストーリー］を**タップ**

2 写真の撮影画面を表示する

ストーリーの撮影画面が表示された

ここでは写真を撮影する

［写真］を**タップ**

3 撮影を開始する

写真の撮影画面が表示された

ここを**タップ**して撮影

1 基本

2 友だちの追加

3 トーク

4 通話・投稿

5 プライバシー

6 グループ

7 トークルーム

8 活用

次のページに続く⟶

4 [公開設定]画面を表示する

写真が撮影された

ここでは写真を加工しない

レッスン35を参考に、ここをタップして公開範囲を設定する

[完了]を**タップ**

5 ストーリーへの投稿を確認する

ストーリーへの投稿が完了すると、自分のサムネイルに緑の枠が表示される

ストーリーを**タップ**

6 ストーリーへの投稿を確認できた

ストーリーに写真を投稿できた

HINT LINEストーリーは、既読が付くの?

LINEでトークをした際に「読んだよ」という合図で「既読」マークが付きます。ストーリーの場合はどういう仕組みになっているか、気になりませんか?あまり仲良くない人の投稿を見たくないなど、いろいろなケースがあると思います。答えからいいますと、投稿者は投稿から24時間以内は、閲覧数と読んだ人を確認することができます。自分の足跡を残すのが嫌な人は、見ないように気をつけましょう。ただし、24時間を超えて「マイストーリー」に残っている状態では誰が見たか確認することができなくなっています。

第5章

プライバシーを設定して
LINEを安全に使おう

38

プライバシーを設定する

友だちの自動登録を設定するには

LINEに登録している友だち以外に、スマートフォンのアドレス帳に登録している友だちとLINEでつながりたい！　と思った際、簡単に友だちを自動登録する方法があります。この機能を利用するには、スマートフォンのアドレス帳にお互いの電話番号を登録していて、［友だち自動追加］設定をオンにしている必要があります。その条件を満たしていると自動的にLINEの友だちリストにお互いが登録される仕組みになっています。

ただし本書では、安心・安全にLINEを使うために友だちの自動登録設定のオフを推奨しています。「スマートフォンのアドレス帳に登録している人なら誰でもLINEでつながっていい」という人にはこの機能はおすすめですが、友だちを選んで登録したいという方は自分でコントロールできるようにオフのままにしておくことをおすすめします。

第5章 プライバシーを設定してLINEを安全に使おう

友だちを自動追加する

1 友だち画面を表示する

レッスン31を参考に、［設定］画面を表示しておく

❶画面を下に**スクロール**

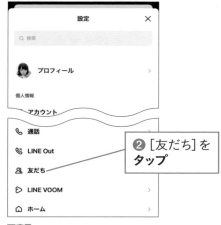

❷［友だち］を**タップ**

2 友だちの自動追加をオンにする

［友だち］画面が表示された

［友だち自動追加］のここを**タップ**

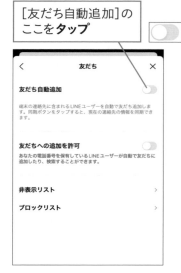

3 アドレス帳の利用を許可する

スマートフォンのアドレス帳の利用を確認する画面が表示された

[OK]（Androidでは [確認]）を**タップ**

4 [プライバシーとセキュリティ]画面を表示する

Androidの場合は手順6に進む

❶ホーム画面に戻り [設定]を**タップ**して起動

❷ [プライバシーとセキュリティ]を**タップ**

5 [連絡先]のプライバシー設定を表示する

[プライバシーとセキュリティ]画面が表示された

[連絡先]を**タップ**

6 アドレス帳の利用許可を確認する

[連絡先]画面が表示された

アドレス帳の利用許可がオンになっていることを**確認**

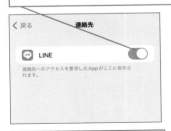

LINEが友だちを自動追加するようになった

次のページに続く→

1 基本

2 友だちの追加

3 トーク

4 通話・投稿

5 プライバシー

6 グループ

7 ルーム

8 活用

友だちから自動追加されるのを許可する

1 友だちからの自動追加を許可する

106ページの手順を参考に、[友だち]画面を表示しておく

[友だちへの追加を許可]の
ここを**タップ**

2 電話番号からの追加を許可する

相手が自分を自動追加するのを
許可する確認画面が表示された

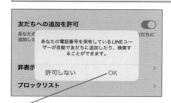

[OK]（Androidでは[確認]）を
タップ

3 友だちから自動追加されるのを許可した

[友だちへの追加を許可]が
オンになった

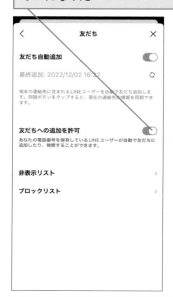

自分の連絡先を知っている友だちに
自動登録されるようになった

HINT アドレス帳の友だちを手動で追加するには

「今すぐスマートフォンのアドレス帳に登録している人を友だちに追加したい」という場合は、自分の好きなタイミングでアドレス帳から友だちに追加できます。［友だち］画面で［友だち追加］をオンにしておいて、追加したいときに◯のアイコンをタップすれば、簡単に追加できます。

自分のIDを
検索できなくするには

LINEは「ID検索」（レッスン09）で友だちを追加できます。しかしLINEは、直接チャットや無料通話ができるので、SNSなどよりクローズドで相手との距離が近いのが特徴です。自分の意志とは関係なく友だちに追加されないように、IDによる検索をオフにすることをおすすめします。安心・安全にLINEを使用するためにも、いま一度オフであることを確認してみましょう。

私はプライベートの友だちや実際にお会いしたことのある人との連絡にLINEを使用しているので、友だちの追加は、だいたい［QRコード］（レッスン07）を使用していて、［IDで友だち追加を許可］はオフにして使っています。どうしてもオンのまま利用したい場合は、レッスン08を参考に、推測されづらいIDを使うと安心です。

1 ［プライバシー管理］画面を表示する

レッスン31を参考に、［設定］画面を表示しておく

［プライバシー管理］を**タップ**

2 IDで検索されないよう設定する

［プライバシー管理］画面が表示された

［IDによる友だち追加を許可］のここを**タップ**

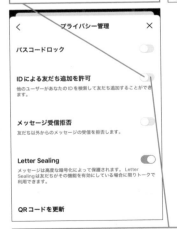

ここをタップしてオンにすると、IDでの検索を許可できる

プライバシーを設定する

今までのQRコードを 変更するには

レッスン07で紹介したように、QRコードで友だちを追加できます。ただ、うっかりQRコードが知らない人に漏れてしまうこともあるかもしれません。そんなときは、今までのQRコードから新しいQRコードに更新することが可能です。更新すれば、これまでのQRコードは使えなくなるので安心です。とっても簡単に更新できるので、こまめに変更することで安心して使うことができます。

1 QRコードを更新する

レッスン39を参考に、［プライバシー管理］画面を表示しておく

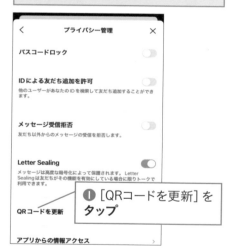

❶［QRコードを更新］を**タップ**

更新の確認が表示された

❷［更新］（Androidでは［確認］）を**タップ**

2 新しいQRコードを表示する

QRコードが更新された

［QRコード表示］（Androidでは［QRコードを見る］）を**タップ**

新しいQRコードが表示された

プライバシーを設定する

心当たりのない相手を ブロックするには

[友だち追加]画面の[知り合いかも?]に、アカウントがぽこっ!と登場してくることがあります。もちろん、本当に友だちの場合もありますが、知らない相手だったり、「今は登録したくないかも?」という人が出てくる場合もあったりしますよね。そんなときは[追加]せずそのままにしておけば、向こうから話しかけられることはありません。[追加]したくなったらそのときにすればOK。

また、リストから消したい場合は[ブロック]することで表示されなくなります。ブロックしても完全に消えてしまうわけではなく、[ブロックリスト]の中に残るので「あ! やっぱり追加したい!」とあとから思った場合にも再度簡単に登録することができるので安心してくださいね。

特定のユーザーをブロックする

1 ユーザーをブロックする

レッスン07を参考に、[友だち追加]画面を表示しておく

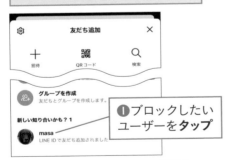

❶ブロックしたいユーザーを**タップ**

ユーザーの詳細が表示された

❷[ブロック]を**タップ**

2 ユーザーをブロックできた

ユーザーがブロックされ、[友だち追加]画面に表示されなくなった

1 基本

2 友だちの追加

3 トーク

4 通話・投稿

5 プライバシー

6 グループ

7 トークルーム

8 活用

プライバシーを設定する

登録した友だちを
ブロックするには

LINEは日常の中に浸透しているコミュニケーションツールですので、「友だち登録してしまっているけど、もうメッセージのやりとりをしたくない」という人が出てくることもあるかと思います。そんなときに使えるのは、ブロックという機能です。ただ、心配事として「ブロックしたのって相手にばれちゃうの?」と気になりますよね。基本的にはレッスン12のお気に入りと同様に、「ばれない」と思って大丈夫です。ブロックした相手があなた宛てにメッセージを送信しても、相手には正常に送信できたように見えています。そのメッセージをあなたが受信することはなく、相手には[既読]の文字が表示されないまま、結果として「既読にならない」＝「読んでいない」という見え方になります。またブロックした相手が音声通話をしようとした場合、相手には呼び出し画面が表示され、呼び出し音が鳴り続けます。発信をやめるとキャンセルの履歴だけ残り、単にあなたが電話に出なかったように見えます。こちら側に着信することはありません。

レッスン81で紹介する公式アカウントを、友だちリストから消したいときもこの方法を使います。

1　ブロックする友だちを選択する

レッスン15を参考に、[友だちリスト]画面を表示しておく

ブロックしたい友だちを左に**スワイプ**
（Androidでは**ロングタッチ**）

2　友だちをブロックする

❶[ブロック]を**タップ**

❷[ブロック]
を**タップ**

友だちをブロック
できる

43

プライバシーを設定する

ブロックリストから
友だちに戻すには

「ブロックしたけれど元に戻したい」ということもあると思います。ブロックした友だちの一覧は、ブロックリストで表示できます。ここから［友だち］に戻すことも、ブロックリストから完全に削除することもできますが、削除してしまった場合は、再度友だち登録をする必要があるので注意が必要です。

1 ブロックリストを表示する

レッスン38を参考に、［友だち］画面を表示しておく

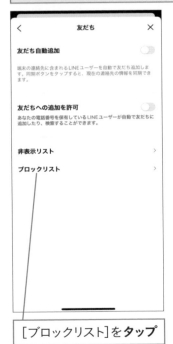

［ブロックリスト］を**タップ**

2 ブロックリストでユーザーを選択する

［ブロックリスト］画面が表示された

選択したいユーザーのここを**タップ**

Androidではユーザー名の右にある［編集］をタップする

1 基本

2 友だちの追加

3 トーク

4 通話・投稿

5 プライバシー

6 グループ

7 トークルーム

8 活用

次のページに続く →

3 ブロックを解除する

ユーザーにチェックマークが付いて
選択できた

[ブロック解除]を**タップ**

4 ブロック解除を確認する

確認画面が表示された

[OK]（Androidでは［ブロック解除]）
を**タップ**

5 ブロックを解除できた

選択したユーザーのブロックが
解除された

HINT **ブロックリストから
完全に削除するには**

手順3の画面で［削除］をタップ
すると、選択したユーザーがブ
ロックリストからも削除されます。

44

プライバシーを設定する

他人にLINEを見られ
ないようにするには

LINEは大事なコミュニケーションツール。プライベートな内容からビジネスの話までやりとりするため、他人に内容を見られたくない方が多いでしょう。スマートフォンにロックがかけられるのと同様、LINEのアプリ自体にもパスコード（暗証番号）でロックをかけることができます。スマートフォンとLINEに二重にパスコードをかければ安心です。LINEを利用する際に少し面倒ではありますが、絶対に見られたくないという方にはおすすめのテクニックです。

1 基本

2 友だちの追加

3 トーク

4 通話・投稿

5 プライバシー

6 グループ

7 トークルーム

8 活用

パスコードを設定する

1 [パスコード入力]画面を表示する

レッスン39を参考に、[プライバシー管理]画面を表示しておく

[パスコードロック]のここをタップしてオンに**設定**

2 パスコードを入力する

[パスコード入力]画面が表示された

パスコードとなる4桁の数字を**入力**

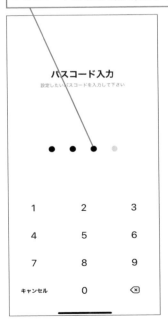

次のページに続く→

3 パスコードを再度入力する

[パスコード再入力]画面が
表示された

再度パスコードを**入力**

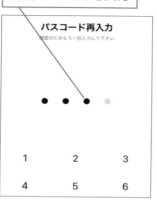

4 パスコードが設定された

[プライバシー管理]画面に戻った

[パスコードロック]がオン
になっていることを**確認**

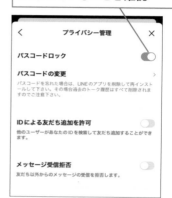

LINE 起動時にパスコードを入力する

1 [パスコード入力]画面を 表示する

[LINE]を**タップ**

2 パスコードを入力する

[パスコード入力]画面が表示された

パスコードを**入力**

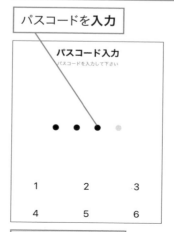

[LINE]が起動する

第5章 プライバシーを設定してLINEを安全に使おう

45

プライバシーを設定する

他人に勝手に 利用させないためには

ネタフル

スマートフォンだけからLINEにログインしているならあまり問題はありませんが、ほかの人も使う共有のパソコンやiPadなどでログアウトをし忘れると、知らない人に勝手に使われてしまう危険性もあります。誰かが勝手にログインしていないかどうかは、以下の手順で確認することができます。もし、身に覚えのないログインや端末があったら、強制的にログアウトさせられます。

1 [アカウント]画面を表示する

ログインしている端末の確認はiPhone（Android）のアプリから行う

レッスン28を参考に、[設定]画面を表示しておく

[アカウント]を**タップ**

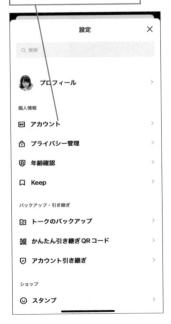

2 [ログイン中の端末]画面を表示する

[アカウント]画面が表示された

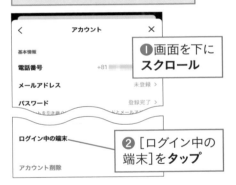

❶画面を下に**スクロール**

❷[ログイン中の端末]を**タップ**

3 ログインしている端末を確認できた

ログイン中の端末が一覧で表示された

[ログアウト]をタップすると、その端末から強制的にログアウトさせられる

連絡をプッシュ通知で受け取るには

メールやTwitterなどと違い、LINEではより緊急性のあるメッセージをやりとりすることが増えるでしょう。緊急性が高いといっても大げさなものではなく、待ち合わせのときに「ちょっと遅れそう！」と一報を送るようなものも考えられます。そんなときに、いちいちアプリを起動しなくては着信を確認できないようであればLINEの持ち味も十分には生かされません。スマートフォンの通知設定を生かして、いつでもLINEからの着信を把握できるように整えておきましょう。

●iPhoneの通知画面

新着メッセージをさまざまな方法で表示できる

ロック画面時に新着メッセージをダイアログで表示できる

●Androidの通知画面

新着メッセージをポップアップで表示できる

通知パネルに新着メッセージを表示できる

iPhoneの通知の設定を確認する

1 iPhoneの設定画面を表示する

iPhoneのホーム画面を表示しておく

[設定]を**タップ**

2 [通知]画面を表示する

[設定]画面が表示された

[通知]を**タップ**

	設定	
🔔	通知	>
🔊	サウンドと触覚	>
🌙	集中モード	>
⏳	スクリーンタイム	>
⚙️	一般	>
🔘	コントロールセンター	>
AA	画面表示と明るさ	>
📱	ホーム画面	>
♿	アクセシビリティ	>
🌼	壁紙	>
🔍	Siri と検索	>

3 [LINE]画面を表示する

[通知]画面が表示された

< 設定	通知
表示形式	
⬜	...ンド, バッジ
💬	LINE バナー, サウンド, バッジ	>
💳	ウォレット 目立たない形で配置	

[LINE]を**タップ**

4 iPhoneの通知を設定する

[LINE]画面が表示された

❶ [サウンド]と[バッジ]が
オンであることを**確認**

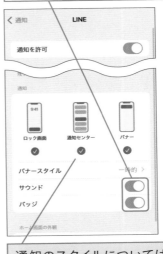

< 通知	LINE
通知を許可	⬤

ロック画面	通知センター	バナー
✓	✓	✓

バナースタイル	一時的 >
サウンド	⬤
バッジ	⬤

通知のスタイルについては、
レッスン47で詳しく説明する

次のページに続く⟶

1 基本

2 友だちの追加

3 トーク

4 通話・投稿

5 プライバシー

6 グループ

7 ルーム

8 活用

アプリ内で通知の設定を確認・変更する

1 通知の設定画面を表示する

レッスン31を参考に、［設定］画面
を表示しておく

❶画面を下にスクロール

❷［通知］をタップ

2 通知設定を確認する

［通知］画面が表示された

［通知］がオンであることを確認

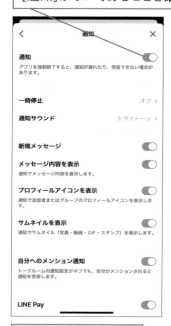

アプリの通知設定を
確認、変更できる

アプリ内で通知の設定を確認・変更する

1 [設定]画面を表示する

LINEを起動しておく

ここを**タップ**

2 通知設定の画面を表示する

[設定]画面が表示された

❶画面を下に**スクロール**

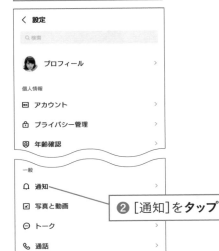

❷[通知]を**タップ**

3 通知設定を確認する

[通知]画面が表示された

[通知]がオンであることを**確認**

アプリの通知設定を確認、変更できる

1 基本

2 友だちの追加

3 トーク

4 通話・投稿

5 プライバシー

6 グループ

7 トークルーム

8 活用

47

通知を設定する

新着通知のスタイルを 変更するには

ネタフル

第5章 プライバシーを設定してLINEを安全に使おう

iPhoneならではの機能として、LINEに限らずアプリからのプッシュ通知を受け取るときに、いくつかの表示方法を選択できます。iPhoneを使用中に必ずすぐに内容を確認したいのか、それともある程度のリアルタイム性があればいいのかによって通知の表示方法を選択しましょう。

必ず内容を確認したい場合は、「バナースタイル」で「持続的」表示を選択します。作業を中断することなく、しかしリアルタイム性を確保したい場合には一定の表示時間で消える「一時的」表示を選択しましょう。そこまでせずに、静かにLINEを使いたい、LINEを起動したときだけメッセージを読めればいいという場合は、通知をオフにすることもできます。

●一時的な通知

画面上部に新着通知が表示される

タップするとLINEが起動して 詳細を確認できる

一定時間経過すると消える

●持続的な通知

画面上部に新着通知が表示される

自動的に通知は消えない

LINE以外のものでもアプリを 起動するなど、スマートフォン を操作すると通知は消える

LINEから次の通知があると、 それまでの通知は消える

1 表示方法を選択する

レッスン46を参考に、 [LINE] 画面
を表示しておく

❶ [バナースタイル] を**タップ**

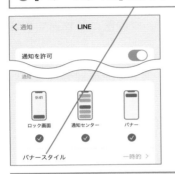

[バナースタイル]画面が表示された

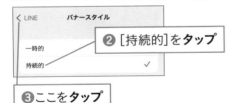

❷ [持続的] を**タップ**

❸ここを**タップ**

2 表示方法を変更できた

元の画面が表示された

持続的な表示に変更された

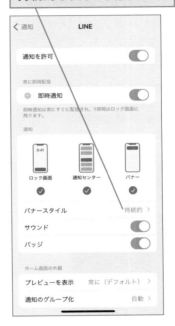

HINT 通知件数はバッジで表示される

LINEへの通知件数は、アプリアイ
コンのバッジとして表示されます。
iPhoneの画面でアプリを見た際に
赤い丸に「2」と表示されていれば、
2件の新着通知があるということに
なります。アイコンバッジの通知件数
の表示は、手順1の画面で [バッ
ジ] をタップして、オフに設定する
こともできます。

新着通知の件数が
数字で表示される

1 基本

2 友だちの追加

3 トーク

4 通話・投稿

5 プライバシー

6 グループ

7 ルーム

8 活用

ロック画面の通知を
非表示にするには

例えば、飲み会の席でテーブルの上にスマートフォンを置いているシチュエーションでは、使用しているスマートフォンによってはLINEからの着信通知がホイホイとロック画面上に表示されるのがよくない場合もありますよね？
「○○（名前）：○○○○（内容）」と表示されるので、同席している人に内容を見られてしまうこともあります。そのような場合は、ロック画面に新着通知を表示しないように設定しましょう。

●新着通知を表示する場合

> ロック画面に新着通知が表示される

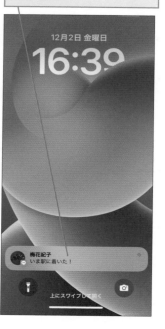

●新着通知を表示しない場合

> 設定しているサウンドやバイブレーションは起こるが、画面上には何も表示されない

iPhoneの操作

1 新着通知を表示しないようにする

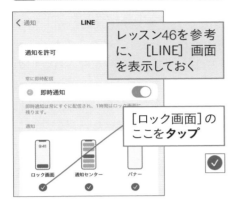

レッスン46を参考に、[LINE]画面を表示しておく

[ロック画面]のここを**タップ**

2 新着通知を表示しないようにできた

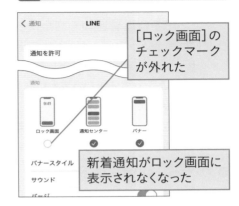

[ロック画面]のチェックマークが外れた

新着通知がロック画面に表示されなくなった

Androidの操作

1 [通知のカテゴリ]画面を表示する

レッスン46を参考に、LINEの[通知]画面を表示しておく

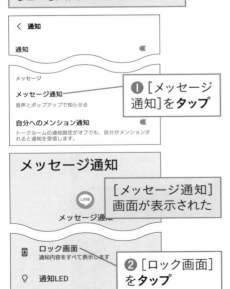

❶[メッセージ通知]を**タップ**

[メッセージ通知]画面が表示された

❷[ロック画面]を**タップ**

2 新着通知を表示しないようにする

[ロック画面]のメニュー画面が表示された

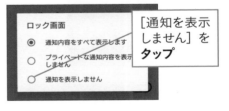

[通知を表示しません]を**タップ**

3 新着通知を表示しないようにできた

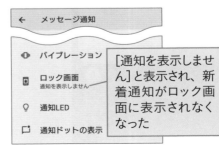

[通知を表示しません]と表示され、新着通知がロック画面に表示されなくなった

1 基本

2 友だちの追加

3 トーク

4 通話・投稿

5 プライバシー

6 グループ

7 トークルーム

8 活用

49

メッセージの内容を
非表示にするには

レッスン48では新着通知を完全に表示させない方法を紹介しましたが、待受画面には新着メッセージが届いたことを表示したい、ただし「誰から来たか」と「メッセージの内容」を画面上に表示させるのは、プライバシーが守られないので、ちょっと気になるという人もいますよね。このレッスンのような設定にしておくと「新着メッセージがあります。」とだけ表示されるので、着信には気付くけれど、プライバシーはしっかり守られます。また、たくさんのメッセージを受信しても、わかりやすく複数表示されます。

●メッセージの内容を表示した場合

iPhoneではダイアログにメッセージが表示される

Androidではメッセージが表示され、操作中はその場で返信できる

●メッセージの内容を表示しない場合

［新着メッセージがあります。］と表示される

［新着メッセージがあります。］と表示され、ポップアップから返信できなくなる

第5章　プライバシーを設定してLINEを安全に使おう

1 メッセージ内容の表示を オフにする

レッスン46を参考に、LINEの [通知]画面を表示しておく

[メッセージ内容を表示]の ここを**タップ**

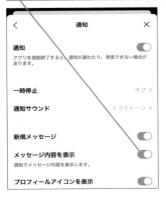

2 メッセージ内容の表示を オフにできた

[メッセージ内容を表示]が オフになった

新着通知にメッセージの内容が 表示されなくなった

1 メッセージ内容の表示を オフにする

レッスン46を参考に、LINEの [通知]画面を表示しておく

[メッセージ内容を表 示]のここを**タップ**

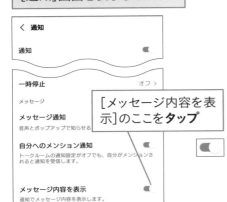

2 メッセージ内容の表示を オフにできた

[メッセージ内容を表示]が オフになった

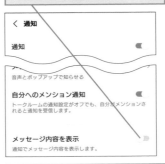

新着通知にメッセージの内容が 表示されなくなった

1 基本

2 友だちの追加

3 トーク

4 通話・投稿

5 プライバシー

6 グループ

7 トークルーム

8 活用

50 通知を設定する

着信音を好みの音に変更するには

今度は新着通知があったことを音でお知らせする着信音のお話。私はiPhoneを使っているのですが、LINEのメッセージを着信したことが音だけでわかるようにと思って、私は「ポキポキ」というシンプルなサウンドに設定してずっと愛用しています。長すぎず主張しすぎず、ちゃんとメッセージを受信したことに気付けるのでお気に入りです。みなさんも音の使い分けで大切なメッセージを見逃さないでくださいね。

---

iPhoneの操作

Androidの手順は129ページから

1 サウンドの一覧を表示する

レッスン46を参考に、LINEの[通知]画面を表示しておく

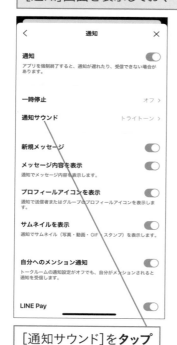

[通知サウンド]を**タップ**

2 サウンドを選択する

[通知サウンド]画面が表示された

ここでは[ポキポキ]を選択する

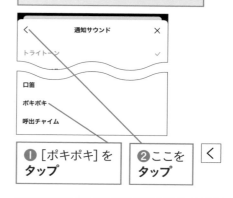

❶[ポキポキ]を**タップ**　❷ここを**タップ**

3 通知サウンドを変更できた

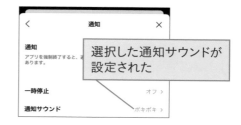

選択した通知サウンドが設定された

iPhoneの手順は128ページから

1 サウンドの一覧を表示する

レッスン48を参考に、[メッセージ通知]画面を表示しておく

❶画面を下にスクロール

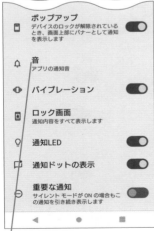

❷[音]をタップ

2 サウンドを選択する

サウンドの一覧が表示された

ここでは[Aldebaran]を選択する

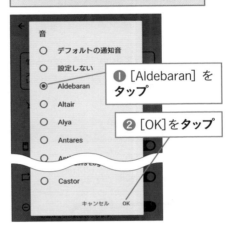

❶[Aldebaran]をタップ

❷[OK]をタップ

3 通知サウンドを変更できた

選択した通知サウンドが設定された

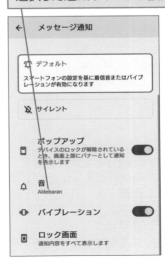

1 基本

2 友だちの追加

3 トーク

4 通話・投稿

5 プライバシー

6 グループ

7 トークルーム

8 活用

できる 129

使用中のサウンドを 設定するには

誰かとトークしている最中に、別の人や別のトークルームからメッセージを受信したとき、サウンドやバイブレーションでお知らせすることができます。「絶対に気付きたい！」という人にはサウンド＆バイブレーションを、「気付きたいけれど、うるさいのはちょっと」という人にはバイブレーションのみを設定するのがおすすめです。

また、「あとでまとめて読むから、いちいちサウンドが鳴るとわずらわしい！」という人は、すべてオフにしてしまってもいいと思います。ちなみに私は昔はオン派でしたが、トークルームやLINE利用者が増えた今、両方オフにしています。

第5章 プライバシーを設定してLINEを安全に使おう

iPhoneの操作

レッスン46を参考に、LINEの[通知]画面を表示しておく

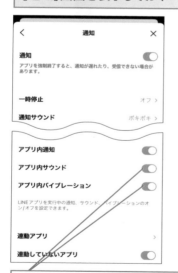

[アプリ内サウンド]と[アプリ内バイブレーション]がオンになっていることを**確認**

オフにしたい場合はタップで切り替える

Androidの操作

レッスン48を参考に、LINEの[メッセージ通知]画面を表示しておく

❶[音]が設定されていることを**確認**

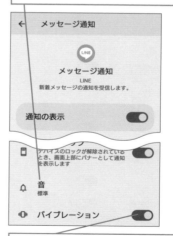

❷[バイブレーション]がオンになっていることを**確認**

オフにしたい場合はタップで切り替える

52

通知を設定する

しばらくの間だけ
通知を停止するには

何かに集中したり、もう寝る時間だったり、近くに誰かがいてスマートフォンを
触るのが失礼になったりと、通知をオフにしたい場面って多々ありますよね。
そんなときに使えるワザを紹介します。LINEでは、「トークや通話の通知」を
一定時間だけ停止することが可能です。選べるのは「1時間停止」（何時まで停
止されるか時刻も表示されます）と「午前8時まで停止」の2つ。どちらかを選
択するとその間は、新着メッセージがあっても着信音とポップアップ通知がさ
れなくなります。

ただ、トークが来るとLINEのアイコンにメッセージの数が表示される仕組みに
なっています。音と通知に邪魔されず着信件数を確認できる便利な機能です。
また、相手をブロックしているわけではなく、通知を一定期間止めているだけ
なので、それを友だちに気付かれることはありません。

1 基本

2 友だちの追加

3 トーク

4 通話・投稿

5 プライバシー

6 グループ

7 トークルーム

8 活用

iPhoneの操作

Androidの手順は132ページから

1 通知の一時停止を設定する

レッスン46を参考に、LINEの
[通知]画面を表示しておく

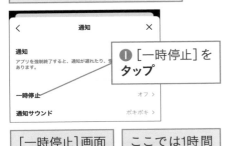

❶ [一時停止]を
タップ

[一時停止]画面
が表示された

ここでは1時間
通知を停止する

❷ [1時間停止]を
タップ

2 通知を一時停止できた

通知が1時間停止された

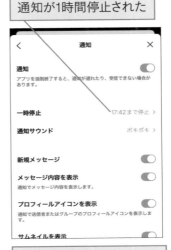

1時間は新着メッセージが
届いても通知されない

次のページに続く→

iPhone の手順は 131 ページから

第5章　プライバシーを設定してLINEを安全に使おう

1 通知の一時停止を設定する

レッスン46を参考に、LINEの
[通知]画面を表示しておく

[一時停止]を**タップ**

2 停止する時間を選択する

ここでは1時間通知を停止する

[1時間停止]を**タップ**

3 通知を一時停止できた

通知が1時間停止された

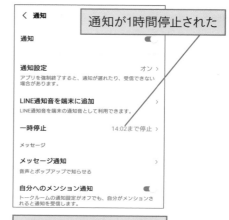

1時間は新着メッセージが
届いても通知されない

HINT　通知を再開するには

iPhoneもAndroidも、通知を停
止したあとに、もう停止している
必要がなくなった場合は、以下
の手順で通知を再開すれば、ま
た通常通り、通知されるように
なります。

手順1を参考に停止する時間を
選択する画面を表示する

[オフ]（Androidでは[通
知を再開]）を**タップ**

53

通知を設定する

特定の通知だけを
オフに設定するには

新着通知をオンに設定して、LINEを日常で使いこなしていくと、びっくりするのは新着通知の多さです。画面いっぱいがLINEの新着通知になっていて笑えるくらい。特に第6章で解説する多人数の「グループ」を作った場合は、もうすごいことになります。そんなときは、グループや友だちごとに通知をオフにできます。通知がオフになっているグループのトークルームでも、着信したコメント数が表示されるので新着のメッセージがあることはわかります。特に急を要するようなものではない仲良し同士でトークしているときや、大人数のグループを利用しているときなどに、ぜひ使ってみてください。私も10人以上いる雑談メインのグループは通知をオフにして、あとからまとめ読みしています。

🍎 iPhoneの操作

Androidの手順は134ページから

1 メニューを表示する

ここではグループの通知を
オフにする

レッスン55を参考に、グループ
のトーク画面を表示しておく

ここをタップ

2 通知をオフにする

メニューが表示
された

[通知オフ]
をタップ

3 グループの通知をオフにできた

通知がオフになり、[通知オン]と
表示された

1 基本

2 友だちの追加

3 トーク

4 通話・投稿

5 プライバシー

6 グループ

7 トークルーム

8 活用

次のページに続く→

第5章　プライバシーを設定してLINEを安全に使おう

1 メニューを表示する

ここではグループの通知を
オフにする

ここを **タップ**

2 通知をオフにする

メニューが表示された

[通知オフ]を **タップ**

3 グループの通知をオフにできた

通知がオフになり、[通知オン]と
表示された

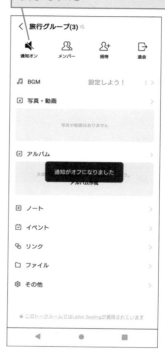

第6章

グループで
快適にトークしよう

54

仲のいいメンバーで
グループを作るには

ネタフル

複数の友だちと一緒に出かけるときの連絡手段はどうしていますか？ メールでも一度に複数人に連絡できますが、繰り返しになってくると返信作業が手間に感じます。そんなときには、複数の友だちと「グループ」を作成してみましょう。テンポよくグループでチャットができるので、まるで目の前で会話をしているような錯覚を覚えるかもしれません。作成したグループは［友だちリスト］画面に常に表示されます。どこかに出かけるときだけでなく、普段からの友だち同士の連絡網代わりになど、さまざまなシーンでグループを活用しましょう。

第6章 グループで快適にトークしよう

1 グループの作成をはじめる

レッスン05を参考に、［ホーム］画面を表示しておく

ここを**タップ** &+

2 ［グループを作成］画面を表示する

［友だち追加］画面が表示された

［グループを作成］を**タップ**

3 グループに追加する友だちを選択する

[友だちを選択]画面が表示された

❶追加したい友だちをタップしてチェックマークを付ける

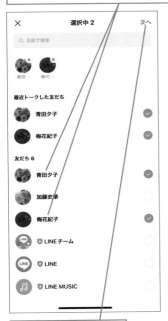

❷[次へ]をタップ

4 グループ名を入力する

[グループプロフィール設定]画面が表示された

❶グループの名前を入力

❷[作成]をタップ

5 グループのトーク画面が表示された

グループのトーク画面が表示された

続けて、次のレッスンでグループでトークする

1 基本

2 友だちの追加

3 トーク

4 通話・投稿

5 プライバシー

6 グループ

7 トークルーム

8 活用

次のページに続く⟶

HINT　グループに招待されたときは

自分以外の人がグループを作成し、自分を招待した場合は、［トーク］画面にグループのトークルームが表示されます。知り合いが作成したグループなら、スタンプなどで挨拶をしましょう。もし心当たりのないグループに入れられてしまったときは、レッスン68を参考に退会することもできます。

❶画面下の［トーク］を**タップ**

［トーク］画面が表示された

❷グループ名を**タップ**

グループのトーク画面が表示された

すぐにグループでトークできる

グループでトークするには

グループでトークをはじめましょう。作成したグループは、[トーク]画面に一覧で表示されます。また[ホーム]画面の[友だちリスト]に[グループ]という項目があり、そこから自分が参加しているグループ一覧を表示することができます。グループのトークでは通常のトークと同じように、メッセージやスタンプのやりとり、写真や動画の送信が可能です。

1 [友だちリスト]画面からグループを表示する

レッスン54から続けて操作するときは、手順4に進む

レッスン05を参考に、[ホーム]画面を表示しておく

グループを作成すると[友だちリスト]に表示される

[グループ]を**タップ**

2 グループの詳細画面を表示する

[友だちリスト]画面の[グループ]タブが表示された

グループ名を**タップ**

次のページに続く──→

第6章　グループで快適にトークしよう

3 グループのトーク画面を表示する

グループの詳細画面が表示された

[トーク]を**タップ**

4 グループでトークする

グループのトーク画面が表示された

❶送信したいメッセージを**入力**

❷ここを**タップ**

5 グループでトークできた

メッセージが送信された

グループのメンバー全員とトークできる

グループでトークする

トーク画面から
グループを作るには

レッスン54では、［友だち追加］の画面からグループを作成する方法を説明しましたが、［トーク］画面からグループを作る方法もあります。LINEを使い慣れてくると、［トーク］画面に友だちやグループとのトークの履歴が残ります。会話の流れから「複数の友だちでグループを作りたい」となったときは、こちらの方法でも作成できます。ぜひ覚えておきましょう。

1 友だちの一覧を表示する

レッスン05を参考に、［ホーム］画面を表示しておく

❶ ［トーク］を**タップ**

［トーク］画面が表示された

❷ ここを**タップ**

2 トークルームを作成する

［トークルームを作成］画面が表示された

［トーク］を**タップ**

次のページに続く⟶

3 トークに追加する友だちを選択する

[友だちを選択]画面が表示された

❶トークに追加したい友だちを順番に**タップ**してチェックマークを付ける

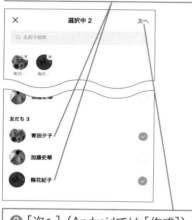

❷[次へ]（Androidでは[作成]）を**タップ**

4 グループ名を設定する

[グループプロフィール設定]画面が表示された

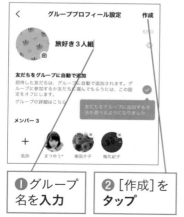

❶グループ名を**入力**

❷[作成]を**タップ**

4 複数のメンバーにメッセージを送信する

トーク画面が表示され、招待したメンバーが参加した

❶送信したいメッセージを**入力**

❷ここを**タップ**

6 複数人でトークできた

複数人にメッセージを送信できた

相手からのメッセージもここに表示される

57

グループでトークする

大事なメッセージを
目立たせるには

トークで話した内容を、メモのように残しておきたいことがあります。特にグループ機能を使うと、飲み会やキャンプといったイベントの待ち合わせをすることも多いと思います。話し合った内容が流れないように、常に視界に入るような場所に書き留めておきたい場合は「アナウンス」機能が便利です。アナウンス機能を利用すると、グループで決まった待ち合わせなどの情報を画面の上部に固定することができます。

1 基本

2 友だちの追加

3 トーク

4 通話・投稿

5 プライバシー

6 グループ

7 トークルーム

8 活用

1 アナウンスするメッセージを選択する

レッスン55を参考に、複数人でのトーク画面を表示しておく

❶アナウンスしたいメッセージを**ロングタッチ**

❷[アナウンス]を**タップ**

2 メッセージがアナウンスされた

メッセージが画面上部に固定できた

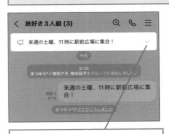

アナウンスのここを**タップ**　　∨

メニューが表示された

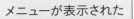

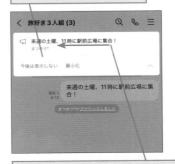

メッセージを左にスワイプ（Androidではロングタッチ）後、[アナウンス解除]をタップするとアナウンスが解除される

58

グループでトークする

会話中のメンバーを
確認するには

ネタフル

グループでのトークをはじめると、むしろグループでのトークのほうが増えてくるかもしれません。例えばサークルの連絡用に使っている場合に、全体のトークに誰が参加していたのか、自分と同じ学年のトークには誰が参加していたのか、といったことがわからなくなってしまうことがあるでしょう。そういう場合は、トークしている参加メンバーを表示し、誰が参加しているかを確認しましょう。画面上部の黒いバーをタップすると、参加メンバーがサムネイルで表示されるので、ひと目でわかります。

1 トークのメンバーを表示する

レッスン55を参考に、複数人でのトーク画面を表示しておく

❶グループ名を**タップ**

メンバーがサムネイルで表示された

❷ここ（Androidではサムネイル）を**タップ**

2 トークのメンバーを確認できた

トークのメンバーが一覧で表示された

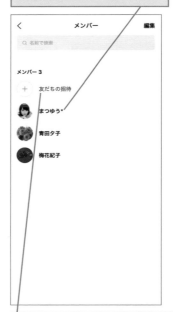

[友だちの招待]（Androidでは[友だちを招待]）をタップするとこのトークルームに追加で友だちを招待できる

59

あとからグループに
招待するには

ネタフル

グループでトークをしていると、参加メンバーが替わることがあります。例えばサークルのグループであれば、卒業する人がいれば、加入してくる新入生もいます。
グループからの退会は自分からできますが、メンバーの追加はすでに参加している人でないとできません。グループに新たにメンバーを追加したい場合は、このレッスンの手順を参考にしてください。基本的には、追加したいメンバーを選択するだけです。

1 [メンバー]画面を表示する

レッスン55を参考に、グループの詳細画面を表示しておく

メンバーのサムネイルを**タップ**

2 グループの詳細画面を表示する

[メンバー]画面が表示された

[友だちの招待]を**タップ**

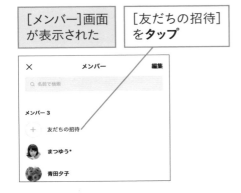

3 [メンバー]画面を表示する

[友だちを選択]画面が表示された

❶追加したい友だちを**タップ**してチェックマークを付ける

❷[招待]を**タップ**

相手に招待の通知が届き、相手が[参加]をタップするとメンバーに追加される

1 基本

2 友だちの追加

3 トーク

4 通話・投稿

5 プライバシー

6 グループ

7 トークルーム

8 活用

60

グループでトークする

グループのアイコンを
設定するには

ネタフル

グループをわかりやすく管理するために、グループごとにアイコンを設定すると区別がつけやすくなります。レッスン05で紹介したプロフィールのアイコンと同様に、グループにもアイコンを設定できます。

アイコンにはその場で撮影した写真や、カメラロールにある写真や画像を使うことができます。たくさんアイコンが並んでもわかりやすい、グループの特徴に合った画像を使うのがおすすめです。

 iPhoneの操作 　　　　　　　　　　　　　　Androidの手順は148ページから

1 [その他]画面を表示する

レッスン55を参考に、グループのトーク画面を表示しておく

❶ここを**タップ**

メニューが表示された

❷その他を**タップ**

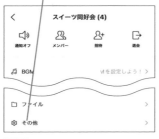

2 アイコンを編集する

[その他]画面が表示された

❶ここを**タップ**

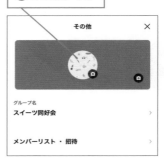

メニューが表示された

❷[プロフィール画像を選択]を**タップ**

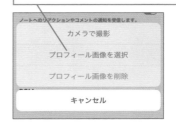

左側縦書き：第6章　グループで快適にトークしよう

3 写真の一覧を表示する

[プロフィール画像]画面が
表示された

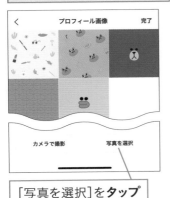

[写真を選択]を**タップ**

4 写真を選択する

[最近の項目]画面が表示された

使用したい写真を**タップ**

画面を上にスクロールすると、
ほかの写真を選ぶことができる

5 写真の使用範囲を選択する

使用範囲の選択画面が表示された

❶写真を**ドラッグ**して位置を移動

❷写真を**ピンチアウト／
ピンチイン**して範囲を
変更

❸[次へ]を**タップ**

6 グループアイコンに設定する

写真を加工する画面が表示された	ここでは写真をそのまま使用する

ここからさまざまな加工方法を選択できる	[完了]を**タップ**

次のページに続く──→

1 基本

2 友だちの追加

3 トーク

4 通話・投稿

5 プライバシー

6 グループ

7 トークルーム

8 活用

7 アイコンが設定できた

グループにアイコンが設定された

ここを**タップ** ×

8 メニューを閉じる

グループのトークのメニュー画面が
表示された

ここを**タップ** ＜

Androidの操作

iPhone の手順は 146 ページから

1 グループの詳細画面を表示する

レッスン55を参考に、グループ
のトーク画面を表示しておく

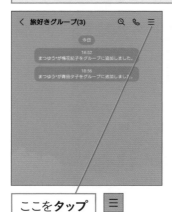

ここを**タップ** ☰

2 [その他]画面を表示する

グループの詳細画面が表示された

[その他]を**タップ**

3 アイコンを編集する

[その他]画面が表示された

❶ここを タップ

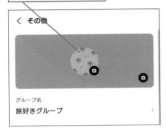

グループ名
旅好きグループ

メニューが表示された

❷[プロフィール画像を選択]を タップ

カメラで撮影
プロフィール画像を選択
プロフィール画像を削除

4 写真の一覧を表示する

[プロフィール画像]画面が
表示された

〈 プロフィール画像

[写真を選択]を タップ

カメラで撮影　　写真を選択

5 写真を選択する

[すべての写真]画面が表示された

使用したい写真を **タップ**

〈 すべての写真 ▾

6 写真の使用範囲を選択する

写真の使用範囲を選択する画面が
表示された

❶写真を ドラッグ して位置を移動

**❷白の枠を ドラッグ して
ボックスの大きさを変更**

❸[次へ]を タップ

次へ

1 基本

2 友だちの追加

3 トーク

4 通話・投稿

5 プライバシー

6 グループ

7 トークルーム

8 活用

次のページに続く──➡

7 グループアイコンに設定する

写真を加工する画面が表示された

ここでは写真をそのまま使用する

ここからさまざまな加工方法を選択できる

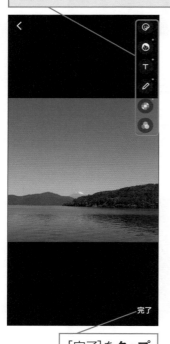

[完了]を**タップ**

8 アイコンが設定できた

[その他]画面が表示された

グループにアイコンが設定された

HINT　アイコンはグループのメンバー全員で共有される

グループのアイコンは自由に変更できるので、自分がわかりやすいようにしたくなると思いますが、注意が必要です。グループのアイコンはメンバー全員で共有しているので、自分用と思って変更したアイコンが参加者全員の目に触れることになります。アイコンの変更には注意しましょう。

61

グループでトークする

オープンチャットに参加するには

LINEオープンチャットとは「匿名」で参加できるグループチャット機能です。オープンチャットへ行くとすでにたくさんのチャットが存在するので、そこに参加してみてもいいですし、自分で作ることもできます。オープンチャットに入る場合、グループごとに名前とアイコンを設定することができるので身バレすることもなく安全です。また出会い系目的、誹謗中傷、個人情報（電話番号、住所、LINE IDなどSNS）を交換したり1対1の出会いを継続的に勧誘または要求する行為、未成年者に対する酒席の勧誘、その他社会的に容認されないと判断される行為が禁止されていますので、ご注意ください。

1 [OPENCHAT]画面を表示する

レッスン56を参考に、[トーク]画面を表示しておく

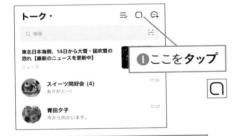

❶ここをタップ

[OPENCHAT]画面が表示された

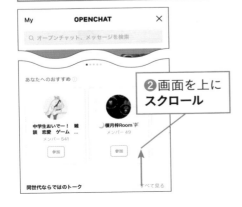

❷画面を上にスクロール

2 興味のあるカテゴリーを選択する

オープンチャットのカテゴリーが表示された

ここでは[料理・グルメ]を選択する

[料理・グルメ]をタップ

3 参加するオープンチャットを選択する

[料理・グルメ]カテゴリーのオープンチャット一覧が表示された

参加したいオープンチャットをタップ

次のページに続く→

4 オープンチャットに参加する

オープンチャットが表示された

渋谷グルメ
メンバー 521 ノート 3

渋谷のランチやディナーの情報交換するトークル…

雑談も交えつつ、美味しい情報を共有しまし…

新しいプロフィールで参加

[新しいプロフィールで参加]を**タップ**

5 利用規約とポリシーに同意する

[利用規約とポリシーに同意]画面が
表示された

❶オープンチャットの利用規約の
内容を**確認**

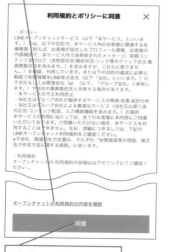

利用規約とポリシーに同意 ✕

・ポリシー
LINEオープンチャットサービス（以下「本サービス」といいます。）では、以下の目的で、本サービス内のお客様に関連する各種情報［例えば、お客様が設定したプロフィール情報、お客様の内容識別子、本サービス内で送受信されたメッセージ、投稿コンテンツ及びログ（送受信状況・開封状況・リンク等のクリック状況・動画閲覧状況を含みます。）を含みますが、これらに限りません。］を確認、利用しています。また以下の目的の達成に必要な範囲で各種情報をLINE株式会社（以下「当社」といいます。）の子会社もしくは関連会社（以下、「グループ会社」と総称します。）や当社の業務委託先と共有する場合があります。
・本サービスの不正利用防止
・当社又はグループ会社が提供するサービスの開発・改善・統計分析
・当社又はグループ会社による最適なサービス（当社又は第三者の広告コンテンツ配信、入力補助機能を含みます。）の提供
本サービスの利用に当たっては、全てのお客様に本内容にご同意いただいております。ご同意いただけない場合、本サービスを利用することはできません。なお、詳細につきましては、下記のLINEオープンチャット利用規約をご確認ください。
※子会社、関連会社の定義は、それぞれ「財務諸表等の用語、様式及び作成方法に関する規則」に従います。

・利用規約
オープンチャットの 利用規約の詳細は以下のリンクにてご確認ください。

オープンチャットの利用規約の内容を確認

同意

❷[同意]を**タップ**

6 プロフィールを設定する

[プロフィール]画面が表示された

ここではプロフィール画像を
設定しない

❶ニックネームを**入力**

オープンチャットのプロフィール　参加

❷[参加]を**タップ**

まつ

このオープンチャットで使用するニックネームとプロフィール画像を設定できます。LINEのプロフィールは

プロフィール画像とニックネームは
オープンチャット参加後も変更で
きる

7 確認画面が表示された

[オープンチャット絶対禁止事項]
画面が表示された

[確認しました]を
タップ

オープンチャット
絶対禁止事項

1. 出会い目的の行為・個人情報の投稿
LINE IDなど個人情報の交換、投稿相
手を求める行為を固く禁じます。

2. 荒らし行為・その他の迷惑行為
他人が不快に思う可能性のある、誹謗
中傷・わいせつな投稿・荒らし行為は
厳禁です。

もし違反した場合は？
オープンチャットの利用制限に加え、
LINEアプリが「利用停止」になる場合が
あります。

確認しました

オープンチャットに参加できた

第6章　グループで快適にトークしよう

オープンチャットを作成するには

LINEオープンチャットは、参加するだけではなく自分で作成することができます。私はゲームと美容についてのオープンチャットを作成していますが、知らなかったことなどを知れてとても有意義に利用できています。自分の趣味のオープンチャットを作成し、同じ趣味の仲間と交流しましょう。

1 [オープンチャットを作成]画面を表示する

レッスン61を参考に、[OPENCHAT]画面を表示しておく

ここを**タップ**

2 オープンチャット名と説明を入力する

[オープンチャットを作成]画面が表示された

❶オープンチャット名を**入力**

❷説明を**入力**

❸画面を下に**スクロール**

次のページに続く──→

3 カテゴリーを設定する

ここでは、[旅行]カテゴリーを
設定する

❶[旅行]を**タップ**

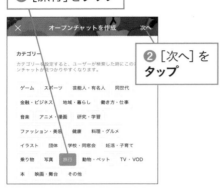

❷[次へ]を
タップ

4 プロフィールを設定する

ここではプロフィール画像を設定
しない

❶ニックネームを**入力**

❷[次へ]を
タップ

5 確認画面が表示された

[確認しました]を**タップ**

6 オープンチャットが作成できた

オープンチャットのトーク
画面が表示された

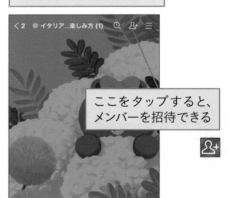

ここをタップすると、
メンバーを招待できる

HINT オープンチャットにメンバーを招待するには

オープンチャットに友だちを招待するには、手順6の画面を表示して、画面
右上の人形のアイコンをタップします。ここから、QRコードやリンクを共有
したり、LINEのメッセージで友だちを直接招待することができます。

ノートで情報を共有するには

ネタフル

グループを作成すると、「ノート」という機能を利用できるようになります。これはメンバーならいつでもアクセスできる、いわば掲示板のような機能です。テキスト、画像、動画、位置情報、リンクを投稿できます。

グループは人数が多いので、投稿が増えると、その分過去の発言も流れやすくなってしまいます。例えば、待ち合わせの店の名前や住所はすぐに確認したいものです。そんなときは、ノートに投稿しておくと、メンバーの誰もがあとからアクセス可能になります。

ノートに投稿する

1 ノートを表示する

レッスン55を参考に、グループのトーク画面を表示しておく

❶ここを**タップ** ☰

メニューが表示された

❷[ノート]を**タップ**

2 投稿画面を表示する

ノートの画面が表示された

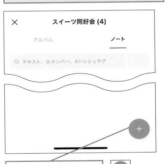

❶ここを**タップ** ＋

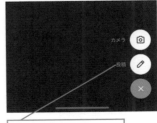

❷[投稿]を**タップ**

次のページに続く──→

1 基本

2 友だちの追加

3 トーク

4 通話・投稿

5 プライバシー

6 グループ

7 トークルーム

8 活用

3 文章を投稿する

投稿画面が表示された

❶投稿したい文章を**入力**

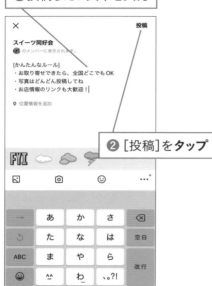

❷[投稿]を**タップ**

4 ノートに投稿できた

ノートに投稿できた

ここを**タップ** ×

Androidでは画面左上の
アイコンをタップする ＜

●ほかのメンバーの画面

ノートが投稿された

[ノート]を**タップ**

投稿された内容が表示された

第6章 グループで快適にトークしよう

ノートを表示する

1 ノートの投稿を表示する

レッスン55を参考に、グループ
の詳細画面を表示しておく

[ノート]を**タップ**

2 投稿を表示できた

投稿の詳細が表示された

ここをタップすると投稿の
編集や削除ができる ⋮

1 基本

2 友だちの追加

3 トーク

4 通話・投稿

5 プライバシー

6 グループ

7 トークルーム

8 活用

ノートにコメントするには

グループのメンバーがノートに残した投稿には、ほかの人がコメントを付けることができます。本来のトークとは別に、特定のテーマでゆっくりとした会話が進んでいくイメージでしょうか。

例えば、地元の同級生の集まっているトークは会話のスピードも活動している時間帯も違うので、普通にトークをしていると全員で日程を調整することが難しいときもあります。そのような場合に、ノートを使い、それぞれが都合のいい日を書き込むような使い方をすると便利です。

なお、投稿を気に入った場合や、その投稿に対して共感を示す方法として、スタンプを押して絵柄で意思表示ができるようになっています。

第6章 グループで快適にトークしよう

投稿にコメントを付ける

1 ノートを表示する

ここではトーク画面から
ノートを表示する

レッスン63を参考に、グループのトーク画面からメニューを表示しておく

[ノート]を**タップ**

2 コメントの入力画面を表示する

ノートが表示された

コメントしたい投稿の
ここを**タップ**

1 基本

2 友だちの追加

3 トーク

4 通話・投稿

5 プライバシー

6 グループ

7 トークルーム

8 活用

3 コメントを入力する

コメントの入力画面が表示された

❶コメントを入力

❷ [送信] (Androidでは▶) を**タップ**

4 投稿にコメントできた

入力したコメントが表示された

コメント 1

梅花紀子
スイーツレシピも共有したいね！

投稿にスタンプを付ける

1 投稿にスタンプを付ける

ノートを表示しておく

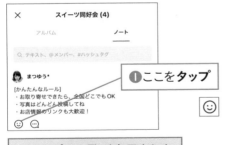

❶ここを**タップ**

スタンプの一覧が表示された

❷ここを**タップ**

2 スタンプが付いた

スタンプが付いた

65

ノートを活用する

ノートで画像を
共有するには

ネタフル

ノートではテキストだけでなく、写真を共有することも可能です。テキストだけでなく写真も貼り付けられるとなると、ノートが便利なホワイトボードのようなものに思えてきませんか？ ノートに写真を貼り付けておくことで、あとからみんなでコメントを付けることもできます。なお、もちろん純粋に写真を共有するためだけに使うこともできますが、写真の共有には次のレッスン66で紹介するアルバム機能を使うのがおすすめです。

第6章 グループで快適にトークしよう

1 写真の一覧を表示する

レッスン63を参考に、ノートの
投稿画面を表示しておく

ここでは写真を投稿する

ここを**タップ**　🖾

2 写真を選択する

写真の一覧が表示された

添付したい写真のここを**タップ**　

写真をタップすると写真の
加工画面が表示される

1 基本

2 友だちの 追加

3 トーク

4 通話・投稿

5 プライバシー

6 グループ

7 トークルーム

8 活用

3 写真を添付する

写真が選択された

ここを**タップ**

4 文章を入力する画面を表示する

写真が添付されている

[今なにしてる?]を**タップ**

5 文章を入力する

文章を入力する画面が表示された

❶投稿したい文章を**入力**

❷[投稿]を**タップ**

ずんだとゴマのジェラート!

●ほかのメンバーの画面

サムネイルが付いた状態で表示される

[ノート]をタップすると写真付きのノートが表示される

66

ノートを活用する

写真をまとめて
共有するには

ネタフル

グループのメンバーで飲み会や旅行をしたり、遊びに行ったりしたときに、スマートフォンで写真を撮影しますよね。グループのアルバム機能を利用すれば、そんな写真をみんなで共有できます。参加者があとから写真を追加することができるので、みんなで1つのアルバムを作り上げることができます。

第6章 グループで快適にトークしよう

1 アルバムの投稿画面を表示する

レッスン63を参考に、グループのトーク画面からメニューを表示しておく

❶[アルバム]を**タップ**

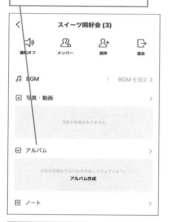

❷ここを**タップ**

2 画像を選択する

[最近の項目]画面が表示された

❶投稿する写真のここを**タップ**

選択した写真には、緑色の数字が表示される

[○件選択中]と表示される

❷[次へ]を**タップ**

3 アルバムタイトルを入力する

タイトルの作成画面が表示された

❶アルバムのタイトルを**入力**

❷[作成]を**タップ**

4 アルバムが共有された

写真をまとめて共有できた

●ほかのメンバーの画面

アルバムのサムネイルが表示された

[アルバム]を**タップ**

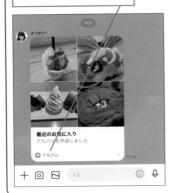

アルバムが表示された

ここをタップすると、ほかのメンバーも写真を追加できる

1 基本

2 友だちの追加

3 トーク

4 通話・投稿

5 プライバシー

6 グループ

7 トークルーム

8 活用

67

ノートを活用する

投稿内容を編集して情報を共有するには

ネタフル

自分がノートに投稿した内容は、あとから修正できます。参加メンバーに意見を求めたようなものに関しては、最終的に決定したことを書き直したり、追記したりするといいでしょう。

また、定期的に内容がアップデートされるようなものであれば、ノートを修正することで、常に最新の内容に整えておくといった使い方も可能です。投稿内容を追記したり、修正したりするときには、どう内容を修正したかがわかるような文章を添えておくと親切です。

1 メニューを表示する

> レッスン63を参考に、ノートの投稿を表示しておく

ここを**タップ** ⋮

2 修正画面を表示する

> メニューが表示された

[投稿を修正]を**タップ**

投稿の修正画面が表示された

入力した内容に投稿が編集された

❶追加したい文章を**入力**

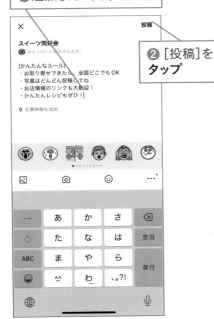

❷[投稿]を
タップ

1 基本

2 友だちの追加

3 トーク

4 通話・投稿

5 プライバシー

6 グループ

7 トークルーム

8 活用

HINT　ノートは検索することができる

ノートの内容は検索することができます。大量のノートがある場合、目当てのノートを探すのが大変になりますが、検索することができれば簡単に探すことができます。ノート内のテキスト、投稿者、あらかじめノート内に投稿しておいたハッシュタグで検索することができます。

必要のないグループから退会するには

ネタフル

卒業や退職、引っ越しなどの理由で、参加しているグループから退会する必要が出てきた場合にはどうしたらいいでしょうか。そのような場合に、グループは自分の意志で退会することが可能です。グループのメニューを表示し、[退会]をタップします。

第6章 グループで快適にトークしよう

1 グループのメニューを表示する

> レッスン63を参考に、グループのトーク画面からメニューを表示しておく

> [退会]を**タップ**

2 確認して退会する

> [退会]（Androidでは[はい]）を**タップ**

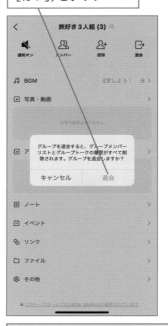

退会するとグループのメンバーリストとトークの履歴がすべて削除される

69

グループを削除するには

グループを削除するという機能はありません。それではどうやってグループを
削除するかというと、まずは自分以外のメンバーを削除します。そして、自分が
最後の1人となったところでグループから退会すると、グループが削除されます。
つまり、グループは最後の1人が退会すると削除されるという仕組みになってい
ます。

1 [メンバー]画面を表示する

レッスン63を参考に、グループの
トーク画面からメニューを表示し
ておく

[メンバー]を**タップ**

2 メンバーの削除を開始する

[メンバー]画面が表示された

自分以外のすべてのメンバーを
削除する

自分以外のメンバー名を
左に**スワイプ**

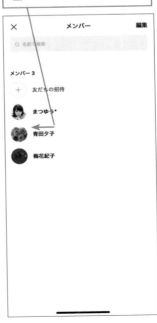

次のページに続く──→

3 メンバーを削除する

❶ [削除]を**タップ**

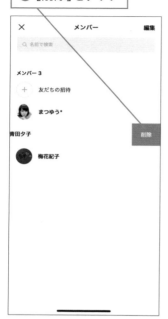

Androidでは画面右上の [編集]を
タップ後、メンバー名の右にある
[削除]をタップする

❷ [削除]（Androidでは [はい]）を
タップ

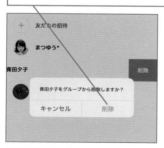

同様に操作してすべてのメンバー
を削除した後、画面左上の ✕ をタ
ップする

4 グループを退会して削除する

最後に自分自身がグループを
退会する

❶ [退会]を**タップ**

❷ [退会]（Androidでは [はい]）を
タップ

メンバーが0人になると
グループが削除される

第7章

トークルームを
自分好みに変えよう

70

スタンプをカスタマイズする

無料のスタンプを
追加するには

第7章 トークルームを自分好みに変えよう

LINEのスタンプには、有料のものと無料のものがあります。有料スタンプはもちろんですが、無料スタンプにも素敵なものがたくさんあります。スタンプとはどんなものかな？ という初心者の方は、無料のものから追加してみるといいかもしれません。［スタンプショップ］画面にアクセスすると、［無料］タブの中にたくさんの無料スタンプが集まっています。スタンプはあらかじめ見本で内容を確認できるので、自分の好きなものを探しましょう。ここに集まったスタンプは企業アカウントを友だち登録することで手に入れられます。配信期間も限定されていますが、常にかわいい新作が出てきますので、チェックしておくといいでしょう。

| 1 [スタンプショップ]画面を 表示する | 2 LINEスタンププレミアムの 加入をスキップする |

レッスン05を参考に、［ホーム］画面を表示しておく

［スタンプ］を**タップ**

LINEスタンププレミアムの説明が表示された

ここではスキップする

［閉じる］を**タップ**

HINT 「LINEスタンププレミアム」って何？

「LINEスタンププレミアム」とは、「クリエイターズスタンプ」が月額240円で使い放題になるサブスクリプションサービスです（初月無料、年間プラン2,400円、学生は120円）。「P」のマークが付いているスタンプは対象スタンプです。上限は5個までですが、使わないスタンプを削除すれば違うスタンプに入れ替えることができます。

3 無料スタンプを選択する

[スタンプショップ] 画面が
表示された

ここでは無料のスタンプを追加する

❶ [無料]タブを**タップ**

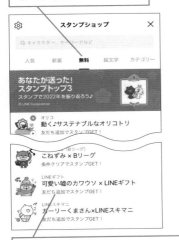

❷追加したいスタンプを**タップ**

4 友だち追加してダウンロードする

スタンプの詳細画面が表示された

[友だち追加して無料ダウンロード]
を**タップ**

[ダウンロード完了] の画面で [OK]
をタップする

5 スタンプが追加できた

レッスン15を参考に [トーク]画面を
選択すると、追加したスタンプが表
示されている

HINT **カテゴリー別に**
スタンプを探せる

手順3の [スタンプショップ] 画
面では、画面上部の [ホーム][人
気] [新着] [無料] [絵文字]と
いうカテゴリーの中から種類別
に探すことができます。自分の
趣味に合うスタンプをここで探し
てみてくださいね。

1 基本

2 友だちの追加

3 トーク

4 通話・投稿

5 プライバシー

6 グループ

7 トークルーム

8 活用

71

スタンプをカスタマイズする

欲しいスタンプを 検索するには

［スタンプショップ］画面では、一番上の検索フィールドを利用して好きなキャラクターの名前やキーワードでスタンプを検索することも可能です。本当にたくさんのスタンプがあるので、好きなキャラクターや探したいスタンプが決まっているという方には大変便利です。私も好きなキャラクターがあるので、たまに検索を利用して新作が出ていないかチェックしています。自分の好きなスタンプをここでぜひ探してみてくださいね。

1 スタンプの検索を開始する

レッスン70を参考に、［スタンプショップ］画面を表示しておく

［キャラクター、キーワードなど］を**タップ**

2 スタンプが検索できた

ここでは「ブラコニ」のキャラクター名でスタンプを検索する

「ブラコニ」と**入力**

スタンプが検索できた

引き続き、次のレッスン72で有料スタンプを購入する

72

スタンプをカスタマイズする

有料のスタンプを
追加するには

LINEでは有名キャラクターやアニメキャラクターなどを使った有料スタンプが存在します。無料スタンプだけでも楽しめますが、有料スタンプはバリエーションが豊富でスタンプの数も多いんです。スタンプを購入するにはコインが必要で、コインは70コイン＝160円から購入できます（2023年2月現在）。だいたいのスタンプは、50〜100コインで購入できます。友だちとのトークのやりとりの最中に「何このスタンプ、欲しい！」なんて勢いで、私もどんどんスタンプを購入してしまいます。友だちと同じスタンプの探し方は、レッスン73で紹介します。

iPhoneの操作　　　　　Androidの手順は177ページから

1 購入したいスタンプを選択する

ここでは、前のレッスン71で検索した有料スタンプから購入する

購入したいスタンプを**タップ**

2 スタンプを購入する

[スタンプ情報]画面が表示された

スタンプの見本を確認できる

❶スタンプの価格を**確認**

❷[購入する]を**タップ**

次のページに続く→

3 コインをチャージする

コインの金額不足の確認画面が
表示された

[OK]を**タップ**

4 コインにチャージする金額を選択する

[コインチャージ]画面が
表示された

購入する金額を**タップ**

5 コインの購入を確認する

App StoreでLINEコインを購入する
画面が表示された

[購入]を**タップ**

6 パスワードを入力する

Apple IDのパスワードの入力画面が
表示された

❶Apple IDのパスワードを**入力**

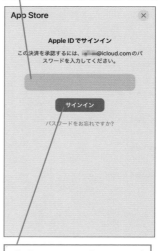

❷[サインイン]を**タップ**

1 基本

2 友だちの追加

3 トーク

4 通話・投稿

5 プライバシー

6 グループ

7 トークルーム

8 活用

7 コインが購入できた

手続き完了の確認画面が
表示された

[OK]を**タップ**

8 スタンプの購入を続ける

[コインチャージ]画面に
戻った

[×]を**タップ**

9 スタンプの購入を確認する

スタンプ購入の確認画面が
表示された

[OK]を**タップ**

10 メールアドレスの登録を確認する

メールアドレスを登録するとスタンプ
の購入情報を引き継げる

[あとで]を**タップ**

次のページに続く ───→

11 購入の完了を確認する

[購入完了] 画面が
表示された

ここでは [LINEスタンプ] を
友だちに追加しない

❶ここを**タップ**してチェック
マークを外す

❷ [OK] を**タップ**

12 ダウンロードが完了した

購入したスタンプが
ダウンロードされた

ここをタップして
画面を閉じておく

トーク画面を表示すると購入した
スタンプが追加されている

1 [スタンプショップ]画面を表示する

レッスン05を参考に、[ホーム]画面を表示しておく

[スタンプ]を**タップ**

2 スタンプを検索する

[スタンプショップ]画面が表示された

ここでは、有料スタンプを検索する

ここを**タップ** 🔍

3 購入したいスタンプを選択する

❶キーワードを**入力**

❷購入したいスタンプを**タップ**

4 スタンプを購入する

[スタンプ情報]画面が表示された

❶スタンプの価格を**確認**

❷[購入する]を**タップ**

次のページに続く→

1 基本

2 友だちの追加

3 トーク

4 通話・投稿

5 プライバシー

6 グループ

7 トークルーム

8 活用

5 コインをチャージする

コインの金額不足の確認画面が
表示された

[OK]を**タップ**

6 チャージするコインの金額を選択する

[コインチャージ]画面が表示された

購入する金額を**タップ**

コインチャージ　　　×

保有コイン:
Ⓛ **0**

購入したコイン0およびボーナスコイン0含む。
LINEポイントから変換できるボーナスコイン0含む。 ⑦
このコインはAndroid OSのLINEでのみご利用になれます。
⑦
購入するコイン数によって1コインの単価が異なるので、購入の際は必ずご確認ください。

Ⓛ 70 (+0)	¥160
Ⓛ 130 (+0)	¥320
Ⓛ 200 (+0)	¥480
Ⓛ 275 (+0)	¥650
Ⓛ 620 (+100)	¥1,200
Ⓛ 1,030 (+300)	¥2,000

7 支払い情報を確認する

Google Playの決済画面が
表示された

初回のみ決済方法を選択する
必要がある

130 LINE Coins　　　¥320
LINE: Calls & Messages

[購入]をタップすると、Google Payments 利用規約（プライバシーに関するお知らせ, 利用規約 - 購入者（日本）) に同意したことになります。 お支払い後はすぐに利用できます。 払い戻しポリシーは商品のタイプによって異なります: 払い戻しポリシー。 もっと見る

購入

[購入]を**タップ**

8 パスワードを入力する

パスワードを確認する画面が
表示された

❶Google Playのパスワードを**入力**

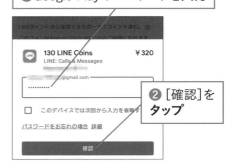

130 LINE Coins　　　¥320
LINE: Calls & Messages

◯◯◯◯◯@gmail.com

❷[確認]を
タップ

□ このデバイスでは次回から入力を省略

パスワードをお忘れの場合 詳細

確認

HINT 支払い方法は選択できる

Androidの場合、コイン購入の支払い方法は、クレジットカード（またはデビットカード）、キャリア決済、コード（LINEプリペイドカードの場合はアプリではなく「LINEウェブストア」から購入）の3種類から選択できます。

9 パスワードの入力頻度を確認する

「お支払いが完了しました」と表示された

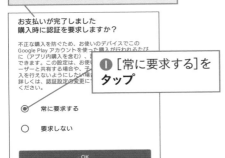

お支払いが完了しました
購入時に認証を要求しますか?

不正な購入を防ぐため、お使いのデバイスでこのGoogle Play アカウントを使った購入が行われるたびに(アプリ内購入を含む)、...できます。この設定は、お使い...ーザーと共有する場合や、子...入を行えないようにしたい場...詳しくは、認証設定の変更に...ください。

❶ [常に要求する]をタップ

- ⊙ 常に要求する
- ○ 要求しない

OK

❷ [OK]を**タップ**

10 スタンプの購入を開始する

Google Play Pointsの説明画面が表示された

[後で]を**タップ**

Google Play

お支払いが完了しました

今回のご購入で 3 Play ポイント獲得

Google Play Points に登録すると、今回を含め、購入のたびにポイントが貯まります。貯めたポイントはGoogle Play クレジットやお気に入りのゲームのアイテムと交換できます。

Google Play Points の利用規約を確認する

後で　　　1タップで登録

[コインチャージ]画面が表示されたら、[×]をタップする

11 スタンプの購入を確認する

スタンプ購入の確認画面が表示された

入スタンプはLINEでメッセージ...られます

メールアドレスを登録すると、電話番号や機種を変更しても、...したスタンプや絵文字など...継げます。

登録する

あとで

おすすめスタンプ

[あとで]を**タップ**

スタンプのダウンロードが開始される

12 購入の完了を確認する

[購入完了]画面が表示された

ここでは [LINEスタンプ]を友だちに追加しない

< **購入完了**　　　　　　×

やくそく

LINE
ちっちゃい...
スタンプは自動でダウン...

LINE
スタンプ　**LINEスタンプ**
公式アカウントをおだち追加すると、最新情報を受け取ることができます。　　＋

✓

❶ ここを**タップ**してチェックマークを外す

関西弁♪飛び出す！ブラウン...　動く！「ブラウン」3　BROWN & FRIENDS x HyperR...　動く！「コ...ン」

OK

❷ [OK]を**タップ**

次のページに続く→

右側縦タブ：
1 基本
2 友だちの追加
3 トーク
4 通話・投稿
5 プライバシー
6 グループ
7 トークルーム
8 活用

13 ダウンロードが完了した

購入したスタンプが
ダウンロードされた

端末の［戻る］キーを押し
画面を閉じておく

14 購入したスタンプを確認する

トーク画面を表示すると購入した
スタンプが追加されている

HINT カスタムスタンプ&メッセージスタンプって何?

カスタムスタンプとは、指定の場所に自分の好きな名前や言葉を入れてカスタマイズできるスタンプのこと。文字数は限られていて、スタンプすべてに言葉が反映されます。言葉は何回でも変更できるので自分の名前やトーク相手によってスタンプの内容を変更して送ることができます。メッセージスタンプは、もっと自由にテキストを入れてオリジナルLINEスタンプを作ることができます。長めのメッセージを入れることができるので、スタンプのイメージに合わせた内容のテキストを入れて遊ぶことができたり、お祝い事などのメッセージも入れることができます。スタンプごとにメッセージが保存されますので、カスタムスタンプとは違いすべてのスタンプを違うメッセージで保存しておくことが可能です。

入力したテキストがスタンプに
反映されている

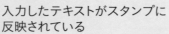

名前入りのスタンプを利用できる

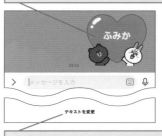

テキストはいつでも変更できる

友だちと同じスタンプを 購入するには

LINEでメッセージをやり取りしている最中に、友だちがポンとスタンプを送ってくることがありますよね。とてもかわいいものや、センスのいいスタンプが送られてきたときに、同じものが欲しい！　と思うことがあるかと思います。その際はわざわざスタンプの名前などを聞かなくても大丈夫です。相手の送ってきたスタンプをタップするとそのスタンプの詳細ページへ。そのまま購入、もしくはダウンロードすることができます。便利な機能ですのでぜひお試しください。

1 スタンプの詳細画面を表示する

レッスン15を参考に、相手との
トーク画面を表示しておく

送られてきたスタンプを**タップ**

2 スタンプを購入する

スタンプの詳細画面が表示された

「購入する」を**タップ**

レッスン72を参考に、スタンプ
を購入する

1 基本

2 友だちの追加

3 トーク

4 通話・投稿

5 プライバシー

6 グループ

7 トークルーム

8 活用

スタンプを見やすく
並べ替えるには

購入したスタンプが増えてくると、トーク画面の下段にキャラクターのマークがどんどん増えていきます。いっぱいになると横にスライドさせないと出てこないくらいになることも。並び順は最初から持っていたスタンプが右側で、新しいものは左側に増えていきます。でも、自分が使うお気に入りのスタンプってだんだん決まってきますよね？　毎回そこまでスライドさせるのも面倒。順番を入れ替えられたら便利ですよね。スタンプは、簡単に入れ替えてカスタマイズすることができます。よく使う順番やキャラ別など、自分の使いやすいようにスタンプの順番をカスタマイズして楽しんでみてください。これでいくらスタンプが増えても安心です。

1 [スタンプ]画面を表示する

レッスン28を参考に、[設定]画面を表示しておく

[スタンプ]を**タップ**

2 [マイスタンプ編集]画面を表示する

[スタンプ]画面が表示された

[マイスタンプ編集]を**タップ**

3 スタンプの並び順を変更する

[マイスタンプ編集]画面が
表示された

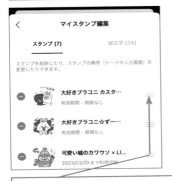

順番を前にしたいスタンプの
右側のここを上に**ドラッグ**

4 スタンプの並び順を変更できた

スタンプの順番が入れ替わった

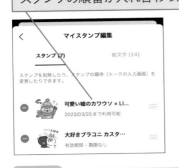

5 スタンプの並び順を確認する

レッスン15を参考に、トーク
画面を表示しておく

ここを**タップ**

変更した並び順が反映されている

1 基本

2 友だちの追加

3 トーク

4 通話・投稿

5 プライバシー

6 グループ

7 トークルーム

8 活用

HINT 使わないスタンプを表示しないようにするには

ダウンロードしたけど使わなくなってしまったスタンプは一覧から削除することもできます。スタンプの名前の下に「有効期間 - 期限なし」と表示されているものは、一度削除しても、必要なときにまた無料でダウンロードできます。また、有効期限が切れたスタンプは使えなくなります。スタンプが多くなりすぎた場合は、整理整頓してみるといいでしょう。

スタンプをカスタマイズする

スタンプを友だちに
プレゼントするには

LINEでのコミュニケーションにスタンプの存在が欠かせないということは、もうみなさん十分ご理解いただいたと思います。そんなスタンプ、実はプレゼントできることを知っていますか？　LINEでコミュニケーションを取っている「友だち」へスタンプをプレゼント。相手が持っていないスタンプだったらきっと喜んでもらえるはずです。お値段的にもドリンク1本分くらいの価格なので、気軽にプレゼントできちゃいますよね。相手にプレゼントを贈るときは、専用のテンプレートを選ぶこともできますので、お祝いやお礼をしたいときなどに、ぜひ友だちにスタンプをプレゼントしてみてください！

1 スタンプを選択する

レッスン70を参考に、［スタンプショップ］画面を表示しておく

プレゼントしたい
スタンプを**タップ**

2 スタンプをプレゼントする

［スタンプ情報］画面が表示された

［プレゼントする］を**タップ**

3 プレゼントする友だちを選択する

[友だちを選択]画面が表示された

❶プレゼントしたい友だちを**タップ**してチェックマークを付ける

❷[OK]を**タップ**

4 コインをチャージする

コインがチャージされている場合は手順8から操作を進める

コインの金額不足の確認画面が表示された

[OK]を**タップ**

5 チャージするコインの金額を選択する

[コインチャージ]画面が表示された

購入する金額を**タップ**

6 支払い情報を確認する

App Storeの決済画面が表示された

[支払い]を**タップ**

7 パスワードを入力する

❶Apple IDのパスワードを**入力**

❷[サインイン]を**タップ**

コインに金額がチャージされる

次のページに続く →

1 基本

2 友だちの追加

3 トーク

4 通話・投稿

5 プライバシー

6 グループ

7 トークルーム

8 活用

8 プレゼントの購入を続ける

購入手続きが完了した

[OK]を**タップ**

[コインチャージ] 画面が表示されたら、[×]をタップする

9 プレゼントの購入を完了する

プレゼント購入の確認画面が表示された

[OK]を**タップ**

[プレゼント完了] 画面が表示されたら、[×]をタップする

10 スタンプをプレゼントできた

プレゼントが送信された

●相手の画面

プレゼントが届いた

[受けとる]を**タップ**

[スタンプ情報] 画面が表示されてダウンロード可能になる

76

トークルームを自分の好みに変える

トーク画面の背景を
相手ごとに変えるには

友だちとのトーク画面を「トークルーム」と呼びます。LINEを使いこなすと増えてくるトークルーム。いろいろな人とやりとりをしていると、ルームごとにトーク内容にも個性が出てくることでしょう。そんな個性に合わせてトークルームの壁紙を変更してみてはいかがでしょうか。

私の場合、女性ばかりでワイワイ話しているルームは可愛らしい印象のものを、男性も交えたトークルームではユニセックスなデザイン、お仕事関係はシンプルなものと、見ただけでどのトークルームを開いているかわかるように設定しています。これでトークルームを間違えて送信することも少なくなるかも？　ちなみに壁紙は自分にのみ反映され、相手の画面には影響しないので思いっきり好きなデザインで楽しんでください。

 iPhoneの操作　　　　　　Androidの手順は189ページから

1 [その他]画面を表示する

レッスン15を参考に、背景を変更したいトーク画面を表示しておく

❶ ここを**タップ**

メニューが表示された

❷ [その他]を**タップ**

2 背景デザインを選択する画面を表示する

[その他]画面が表示された

[背景デザイン]を**タップ**

次のページに続く→

1 基本

2 友だちの追加

3 トーク

4 通話・投稿

5 プライバシー

6 グループ

7 ルーム

8 活用

3 背景デザインを選択する

［背景デザイン］画面が
表示された

使用したい背景デ
ザインを**タップ**

4 プレビューを確認し背景を適用する

背景デザインのプレビュー画面
が表示された

［適用］を
タップ

5 トーク画面を表示する

背景デザインがダウンロードされ、
チェックマークが付いた

❶ここを**タップ**

❷ここを**タップ**

6 背景デザインを変更できた

選択したデザインに
背景が変更された

1 [その他]画面を表示する

レッスン15を参考に、背景を変更し
たいトーク画面を表示しておく

❶ここを**タップ**

メニューが表示された

❷ [その他]を**タップ**

2 背景デザインをダウンロードする

[その他]画面が表示された

[背景デザイン]を**タップ**

3 背景デザインを選択する画面を表示する

[背景デザイン] 画面が
表示された

使用したい背景デザインを
タップ

次のページに続く──→

1 基本

2 友だちの追加

3 トーク

4 通話・投稿

5 プライバシー

6 グループ

7 トークルーム

8 活用

4 プレビューを確認し
背景を適用する

背景デザインのプレビュー画面が
表示された

[適用]を**タップ**

5 背景デザインが
ダウンロードされた

背景デザインがダウンロードされ、
チェックマークが付いた

ここを**タップ** ＜

6 背景デザインを変更できた

選択したデザインに背景が
変更された

HINT すべてのトーク画面を同じ背景にするには

トークルームの背景は個別に変えることもできますが、すべてのトークルームを一緒のデザインにすることもできます。[設定]画面で[トーク]-[背景デザイン]-[現在の着せかえ背景を適用]とタップすると、すべてのトークルームがその背景に変更されます。お気に入りのデザインがあって、全部同じでいい場合には簡単で便利な方法です。

トークルームを自分の好みに変える

トーク画面の背景に写真を使うには

ネタフル

レッスン76では、トークルームごとに背景を変更できることを説明しました。手軽なのは、用意されている背景を利用する方法ですが、自分で撮影した画像を使えば、よりオリジナリティーが増します。ここでは、自分で撮影した画像を壁紙にする方法を説明しましょう。

設定方法は簡単で、デザインを選択する代わりに、写真を撮影するか、ライブラリから撮影済みの写真を使用します。そのトークにゆかりのあるものや場所などを使用してみましょう。iPhoneアプリでは撮影した写真がそのまま使われますが、Androidアプリでは写真をトリミングして使用することもできます。

1 写真の選択画面を表示する

レッスン76を参考に、[背景デザイン]画面を表示しておく

[自分の写真]を**タップ**

2 写真を選択する

[最近の項目]（Androidでは[すべての写真]）画面が表示された

使用したい写真を**タップ**

次のページに続く──→

1 基本

2 友だちの追加

3 トーク

4 通話・投稿

5 プライバシー

6 グループ

7 トークルーム

8 活用

3 選択した写真を確認する

選択した写真が大きな画面で
表示された

[次へ]を**タップ**

4 写真を背景に設定する

写真を加工する画面が表示された

ここでは写真をそのまま使用する

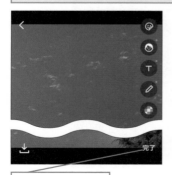

[完了]を**タップ**

5 プレビューを確認し
背景を適用する

背景デザインのプレビュー画面が
表示された

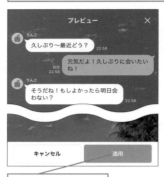

[適用]を**タップ**

6 選択した写真を背景に
設定できた

レッスン15を参考に、トーク画面
を表示する

選択した写真が背景に設定された

文字の大きさを 自由に変更するには

LINEの画面を眺めていて「もっと画面に情報が詰まっていればいいのに」とか、もしくは「最近は小さい字が見にくいからもっと大きければいいのに」と思う人もいるかと思います。そんなときは、フォント（文字）サイズを変更しましょう。フォントサイズは［小］［普通］［大］［特大］の4段階で調整することが可能です。個人的には画面の情報量を多くしたいので、フォントサイズは最も小さくなる［小］にしています。両親に使ってもらうようなときは、［大］や［特大］がよさそうですね。なお、フォントサイズの変更は自分以外の画面には影響しません。

1 ［フォントサイズ］画面を表示する

レッスン28を参考に、［設定］の［トーク］画面を表示しておく

［フォントサイズ］を**タップ**

2 フォントサイズを選択する

［フォントサイズ］画面が表示された

ここでは［特大］に設定する

❶［iPhoneの設定に従う］のここを**タップ**してオフにする（Androidは②に進む）

❷［特大］を**タップ**

❸ここを**タップ**

レッスン15を参考にトーク画面を表示すると、選択したサイズで文字が表示される

1 基本

2 友だちの追加

3 トーク

4 通話・投稿

5 プライバシー

6 グループ

7 トークルーム

8 活用

トークルームを自分の好みに変える

トークの文字を 素早く入力するには

ネタフル

LINEを使っていると、例えばグループでトークをしているときなどに、会話が錯綜することがあります。文字入力が速い人たちに追いつこうと一生懸命に……そんなときは、[送信]をタップする時間も惜しいほどです。

[改行キーで送信]をオンにしておくと、スマートフォンでは[改行]が[送信]に変わります。普段改行をすることがない人は、この設定をオンにしておくと、よりスピーディーにテキストの送信が可能になります。

1 送信方法を選択する

レッスン28を参考に、[設定] の [トーク]画面を表示しておく

❶[改行キーで送信](Android では[Enterキーで送信])のこ こを**タップ**してオンにする

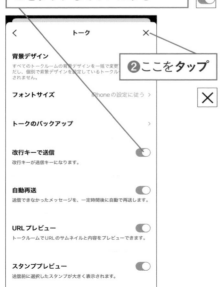

❷ここを**タップ**

2 改行キーで送信できるように できた

レッスン15を参考に、トーク 画面を表示する

[改行]が[送信]に 変更された

AndroidではEnterキーが ► に 変更される

トークルームを自分の好みに変える

全体的なデザインを 変更するには

LINEには、全体の表示デザインを変更できる「着せかえ」という機能があります。通常は「基本」というシンプルなデザインですが、LINEキャラクターの「コニー」と「ブラウン」をテーマにしたものなどがあります。また［着せかえショップ］では、［人気］［新着］［おすすめ］の3種類のカテゴリーから着せかえをダウンロードできます。無料で使える着せかえは［おすすめ］の中にあります。コインで購入できるキャラクターの着せかえも充実しています。大体1デザイン150コインが相場です。キャラクターの着せかえは、画面下段にあるアイコンもそのキャラクターになっていてキャラクターの世界観に浸れます。お気に入りのキャラクターのものがあったらぜひお試ししてみてください。着せかえもスタンプ同様、プレゼントすることができますので、遠く離れた友人へのちょっとしたプレゼントなどにおすすめです。

1 ［マイ着せかえ］画面を表示する

レッスン28を参考に、［設定］画面を表示しておく

❶画面を下に**スクロール**

❷［着せかえ］を**タップ**

❸［マイ着せかえ］を**タップ**

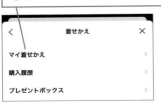

2 着せかえの種類を選択する

［マイ着せかえ］画面が表示された

ここでは［コニー］を選択する

［ダウンロード］を**タップ**

［着せかえショップへ］をタップすると、［着せかえショップ］で着せかえをダウンロードできる

次のページに続く→

3 選択した着せかえを適用する

着せかえのダウンロードが
完了した

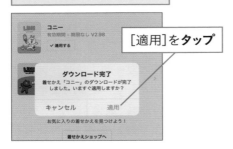

[適用]を**タップ**

4 着せかえが適用された

全体のデザインが変更された

ここを**タップ**

5 [着せかえ]画面を閉じる

[着せかえ]画面が表示された

ここを**タップ**

6 ほかの画面を確認する

[ホーム]画面が表示された

[トーク]画面などほかの画面が
変更されたことも確認しておく

HINT 設定した壁紙は
変わらない

着せかえを変更しても、設定し
ていた壁紙は変わりません。「壁
紙も変更したい！」という方は設
定し直してください。また「着せ
かえ」を変更しても、友だちの端
末に表示されるデザインは変更
されないのでご安心ください。

第8章

LINEをもっと便利に
使いこなそう

81 公式アカウントを活用する
公式アカウントを検索して追加するには

LINEでは企業やアーティストによる多くの「公式アカウント」が情報発信をしています。小売企業ならセールや新製品などの情報、アーティストなら出演情報やリリース情報などがいち早くLINEで届きます。そのため、お目当ての公式アカウントを見つけやすいように、LINEには公式アカウントだけの検索機能も用意されています。以下の手順を参考に探してみてください。

1 [公式アカウント]画面を表示する

レッスン15を参考に、[友だちリスト]画面を表示しておく

[公式アカウント]タブを**タップ**

2 [LINE公式アカウント]画面を表示する

[公式アカウント]画面が表示された

[検索]からも公式アカウントを検索できる

[公式アカウントを検索]を**タップ**

第8章 LINEをもっと便利に使いこなそう

3 公式アカウントの検索を開始する

[LINE公式アカウント] 画面が表示された

[アカウント名、ID、業種] を**タップ**して検索キーワードを**入力**

ここでは「vogue」と入力する

4 公式アカウントを選択する

検索結果が表示された

公式アカウント名を**タップ**

5 公式アカウントを追加する

公式アカウントのページが表示された

[追加]を**タップ**

6 ホーム画面を表示する

レッスン15を参考に、[トーク] 画面を表示しておく

公式アカウントが追加された

1 基本

2 友だちの追加

3 トーク

4 通話・投稿

5 プライバシー

6 グループ

7 トークルーム

8 活用

宅急便の連絡を LINEで受け取るには

ネタフル

公式アカウントの中でもユニークなサービスが、ヤマト運輸のアカウント連携サービスです。これはヤマト運輸のLINE公式アカウントとクロネコメンバーズのIDを連携することで、LINEで荷物のお届け予定や不在時の配達の通知を受け取ったり、荷物を受け取る日時や場所の変更ができるようになるというものです。特に集荷依頼や再配達依頼がLINEからできるのは、便利ではないでしょうか。ここではLINEとクロネコメンバーズIDの連携方法を紹介しますので、ぜひ活用してください。

第8章 LINEをもっと便利に使いこなそう

---

1 公式アカウントの検索を開始する

レッスン81を参考に、[LINE公式アカウント]画面を表示しておく

❶ [アカウント名、ID、業種]を**タップ**

❷「ヤマト運輸」と**入力**

---

2 ヤマト運輸の公式アカウントを選択する

検索結果が表示された

[ヤマト運輸]を**タップ**

3 ヤマト運輸の公式アカウントを追加する

公式アカウントのページが表示された

[追加]を**タップ**

4 [公式アカウント]画面を閉じる

公式アカウント が追加された

ここを**タップ** ×

5 ヤマト運輸の公式アカウントを表示する

[トーク]画面が表示された

[ヤマト運輸]を**タップ**

6 クロネコメンバーズのアカウントと連携する

ヤマト運輸の公式アカウントが表示された

サービスを利用するためにクロネコメンバーズのアカウントと連携する

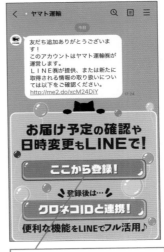

[ここから登録!]を**タップ**

1 基本
2 友だちの追加
3 トーク
4 通話・投稿
5 プライバシー
6 グループ
7 ルーム
8 活用

次のページに続く→

7 ヤマト運輸のサービス利用に同意する

[認証]画面が表示された

ヤマト運輸がLINEのプロフィール情報を利用することに同意する

[許可する]を**タップ**

8 LINEとクロネコメンバーズの連携に同意する

クロネコメンバーズの連携の確認画面が表示された

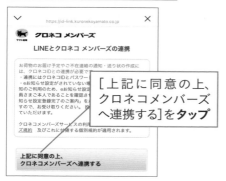

[上記に同意の上、クロネコメンバーズへ連携する]を**タップ**

9 クロネコメンバーズのパスワードを入力する

クロネコメンバーズのパスワードの入力画面が表示された

あらかじめクロネコメンバーズの登録を済ませておく

❶クロネコID を**入力**

❷クロネコメンバーズのパスワードを**入力**

❸[ログイン]を**タップ**

クロネコメンバーズに未登録のときは、[クロネコメンバーズに登録]をタップすると会員登録ができる

1 基本

2 友だちの追加

3 トーク

4 通話・投稿

5 プライバシー

6 グループ

7 トークルーム

8 活用

10 LINEとクロネコメンバーズが連携できた

連携結果が表示された

LINEのヤマト運輸の公式アカウントから、宅急便の問い合わせなどができるようになった

HINT LINEから宅急便の問い合わせをするには

LINEとヤマト運輸のクロネコメンバーズのIDを連携しておくと、荷物の問い合わせ、再配達依頼、集荷依頼、料金・お届け予定日検索、といった機能をLINEから利用できるようになります。ヤマト運輸のアカウントを表示すると、通常は文字を入力する場所が選択式のメニューになっています。ここからそれぞれのサービスを利用することができます。

LINEとの連携を解除したい場合は、クロネコメンバーズ連携画面へアクセスし、[連携解除]をタップします（連携解除はクロネコメンバーズの退会ではありません）。

LINEから集荷依頼や再配達依頼ができる

お得な情報を受け取るには

公式アカウントを友だち登録するとお得な情報がいっぱい流れてきます。新商品ニュース、割引クーポン、無料お試し券、セールの情報などが配布されることがあるので、お気に入りブランドやお気に入りショップなどは登録しておくといいでしょう。うれしい特典として、フォローすると期間限定で使えるスタンプを無料配布している公式アカウントもあります。あるデリバリーのショップでは、LINEの［トーク］からオーダーまでできてしまう便利なアカウントまで登場。また［トーク］で直接情報を送ってこなくても、タイムラインに情報が流れていることもありますので、お見逃しなく。

> お得な情報は［トーク］に
> 自動配信される

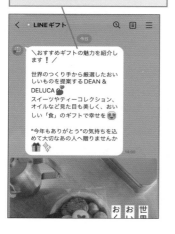

> 公式アカウントのタイムラインにも
> お得な情報が掲載される

HINT 公式アカウントを装った詐欺に注意！

公式アカウントは大変便利ですが、公式アカウントを装ってカード情報などを盗み取る詐欺などがあるため注意が必要です。こういった詐欺に遭わないために気をつけたいこと。本物であれば「LINE公式バッジ」が付いています。見分け方は、トーク画面のアカウント名の左側に緑色の「公式バッジ」が付いているかどうか。少しでもおかしいな？　と思ったら、いったんストップしてバッジを確認し、LINEに問い合わせてみましょう。

84

LINE Keep

写真をLINEに保存するには

「LINE Keep」は、LINEのトークに投稿されたテキストや写真をLINE内に保存しておくことができる機能です。

これはちょっと残しておきたいというもの、例えば待ち合わせの時間と場所、みんなで撮影した写真、打ち合わせのメモ、あとで読みたい記事のURLなど、さまざまなものを簡単に残しておくことができます。

LINE Keepに残せるものは、テキスト、画像、動画、音声メッセージと、WordやExcelなどのファイルです。

LINE Keepのデータはクラウドに保存され、パソコン版からもアクセスすることが可能です。保存できる容量は1GBで、保存期間も無制限です。ただし、1ファイルが50MBを超えるものは、保存期間が30日間となるので注意してください。

1 基本

2 友だちの追加

3 トーク

4 通話・投稿

5 プライバシー

6 グループ

7 トークルーム

8 活用

1 メニューを表示する

レッスン15を参考に、トーク画面を表示しておく

保存する写真を**ロングタップ**

2 写真をLINE Keepに保存する

メニューが表示された

[Keep]を**タップ**

次のページに続く→

3 保存する内容を確認する

保存する写真が選択された

Keepに保存

[保存]（Androidでは
[Keep]）を**タップ**

キャンセル　　　保存 (1)

4 LINE Keepに写真を保存できた

写真をLINE Keepに保存できた

Keepに保存しました　　コレクション

引き続き、LINE Keepを表示して保存されているか確認する

5 LINE Keepを表示する

レッスン05を参考に、自分のプロフィール画面を表示しておく

まつゆう*
ステータスメッセージを入力

デコ　アバター　Keep　ストーリー

LINE VOOM投稿

[Keep]を**タップ**

6 LINE Keepを確認する

[Keep]画面が
表示された

写真が保存され
ている

Keep

テキスト、リンク、ファイル

コレクション

お気に入り　　＋

すべて　写真　動画　リンク　テキスト　ファイル

2022年12月

写真をタップすると
大きく表示できる

LINEで送られたテキストも
同様の手順で保存できる

85

LINE Pay

LINEをお財布に
するには

「LINE Pay」はLINEアプリがお財布代わりになるサービスです。QRコードで支払いをするスマホ決済を見たことがある人は多いことでしょう。その中の1つです。LINE Payは、LINEアプリ内もしくは単独のLINE Payアプリから利用することができます。LINEアプリでLINE Payを利用するには、[ウォレット]画面から各種操作を行います。銀行やコンビニから必要な金額をチャージしておき、コンビニやスーパーでのスマホ決済の支払いとして利用することができます。LINE Payの利用者同士で送金することも可能ですので、飲み会の割り勘も手軽にすることができます。

● [ウォレット]画面

[LINE Pay] をタップすると [LINE Pay]画面が表示される

● [LINE Pay]画面

ここをタップしてパスワードを設定する

チャージや送金などの決済はこれらのメニュー項目から行う

1 基本

2 友だちの追加

3 トーク

4 通話・投稿

5 プライバシー

6 グループ

7 トークルーム

8 活用

86

LINE Labs

開発中の新機能を使うには

ネタフル

LINEを便利に使う上で知っておきたいのがLINE Labsです。LINEが開発中の機能を実験的に公開しているもので、下記の手順を参考に表示すると、正式リリース前の実験的な機能を試すことができます。現在の筆者のおすすめ機能は、相手に通知せずにメッセージを送信することができる「ミュートメッセージ」や、LINEアプリ内のブラウザではなくいつも使用しているブラウザでリンクを開ける「リンクをデフォルトのブラウザで開く」という機能です。ただしいずれも開発中ゆえ使えなくなることもあるので注意してください。

1 [LINE Labs]画面を表示する

レッスン28を参考に、［設定］画面を表示しておく

❶画面を下に**スクロール**

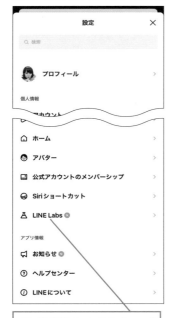

❷ [LINE Labs]を**タップ**

2 開発中の機能を試してみる

[LINE Labs]画面が表示された

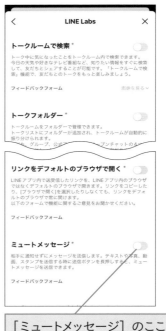

［ミュートメッセージ］のここをタップしてオンに設定すると、相手への通知なしでメッセージを送信できる

87

パソコンでLINEを楽しむ

パソコンでLINEを
利用するには

パソコンを使う機会が多い人は、パソコンでもLINEを使えるようにしておくと、やりとりがスムーズになります。キーボードを使えば長文も入力しやすくなり、仕事上の連絡などもしやすくなります。パソコン版を使用するには、無料のアプリをパソコンにインストールする必要があります。

パソコンにLINEをインストールする

LINEのWebページにアクセスすると、Windows版とMac版があるので、自分が使用しているパソコンに合わせてダウンロードしてください。ダウンロードしたファイルを実行すると、インストールがはじまります。インストール方法はほかのアプリと同じです。

右のURLを入力してLINEの
Webページを表示しておく

LINE
https://line.me/ja/

ここをクリックして、パソコン版LINEを
ダウンロードする

1 基本

2 友だちの追加

3 トーク

4 通話・投稿

5 プライバシー

6 グループ

7 トークルーム

8 活用

次のページに続く→

パソコン版LINEの画面構成

パソコンにアプリがインストールできたら、アプリを起動して、パソコンからログインします。ログインにはレッスン89で解説するメールアドレスとパスワードを入力する方法と、パソコン版LINEに表示されるQRコードをスマートフォンで読み取ってログインする方法の2種類があります。QRコードを読み取るには、スマートフォンのLINEアプリの［ホーム］画面で、検索フィールドの右端にあるQRコードのアイコンをタップして、カメラをパソコンの画面に向けます。

パソコン版でできることは基本的にはスマートフォン版と同じです。画面左側にあるアイコンで［友だち］や［トーク］の画面に切り替えて使います。また、ウィンドウを小さくして使用することもできます。

❶ 友だちが一覧で表示される

❷ トークの履歴が表示される

❸ 友だちの検索画面が表示される

❹ LINE VOOMの画面が表示される

❺ LINEのサービスが表示される

❻ ビデオ通話画面が表示される

❼ 画面キャプチャを撮影できる

❽ KEEPに保存済みの項目一覧が表示される

❾ 各種設定やログアウトのメニューが表示される

❿ 通知のオン/オフを設定できる

⓫ 相手を選択するとトーク画面が表示される

機種変更してデータを引き継ぐ

機種変更の準備をするには

ネタフル

スマートフォンの機種変更をする際は、LINEの引き継ぎ設定を慎重に行いましょう。設定をせずに機種変更をしてしまうと、過去のトーク履歴が消えてしまったり、それまでの環境を再現できない恐れがあります。新しい端末で操作をする前に、古い端末で以下のような準備をしておく必要があります。iPhoneならiCloud、AndroidならGoogleドライブを利用することで、トーク履歴も引き継いだ移行が可能です。具体的な操作手順はレッスン89、90で解説します。

機種変更でデータを引き継ぐ流れ

1 LINEにメールアドレスを登録する

2 古い端末でトーク履歴をバックアップする

3 古い端末で［アカウントを引き継ぐ］をオンにする

4 新しい端末のLINEにログインする

5 バックアップに設定したPINコードを入力して引き継ぐ

HINT　QRコードを使った引き継ぎもできる

ここではすべてのデータを引き継ぐ方法を解説しましたが、「かんたん引き継ぎQRコード」を使う方法もあります。古い端末で引き継ぎ用のQRコードを表示して、新しい端末で読み取ると、異なるOS間でも引き継ぎができて、バックアップデータがない場合も直近14日分のトーク履歴を復元できます。

「かんたん引き継ぎQRコード」でアカウントを引き継ぐ
https://guide.line.me/ja/signup-and-migration/account-transfer.html

1 基本

2 友だちの追加

3 トーク

4 通話・投稿

5 プライバシー

6 グループ

7 トークルーム

8 活用

機種変更してデータを引き継ぐ

機種変更に備えてメール アドレスを登録するには

スマートフォンの機種変更をする際には、事前準備が必要です。古いスマートフォンのLINEアカウントと、新しいスマートフォンやパソコンで利用するアカウントをひも付けるために、メールアドレスとパスワードをあらかじめ登録しておきます。なおレッスン87で解説したパソコンや、タブレットのアプリでLINEを利用するためにも、メールアドレスの登録が必要です。

1 [メールアドレスを登録]画面を表示する

レッスン45を参考に、[アカウント]画面を表示しておく

[メールアドレス]のここを**タップ**

2 メールアドレスを入力する

❶メールアドレスを**入力**　❷[次へ]を**タップ**

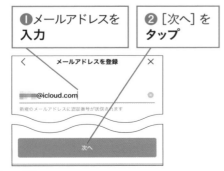

3 認証番号を確認する

メールアプリを起動してLINEからの認証メールを確認する

認証番号を**確認**

4 認証番号を入力する

LINEアプリに戻る　認証番号を**入力**

メールアドレスを登録できた

90

機種変更してデータを引き継ぐには

ここでは、機種変更時のデータ引き継ぎの方法について、古い端末でのトーク履歴のバックアップや機種変更のため準備、そして機種変更後の新しい端末での操作など、具体的な操作を解説します。順を追って確実に操作しましょう。

1 基本

2 友だちの追加

3 トーク

4 通話・投稿

5 プライバシー

6 グループ

7 トークルーム

8 活用

トーク履歴のバックアップ

1 [トークのバックアップ]画面を表示する

機種変更前のスマートフォンで操作する	レッスン28を参考に、[設定]画面を表示しておく

[トークのバックアップ]（Androidでは[トークのバックアップ・復元]）を**タップ**

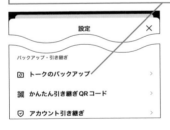

2 バックアップを実行する

初回はバックアップの説明画面が表示された

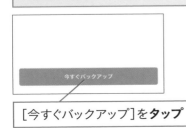

[今すぐバックアップ]を**タップ**

3 バックアップ用のPINコードを設定する

復元時に必要となる6桁のPINコードを設定する

❶PINコードを2回**入力**

バックアップ用の PIN コードを作成

覚えやすい6桁の数字を入力してください。このPINコードは、アカウントの引き継ぎ時にバックアップされたトーク履歴を復元するために必要です。忘れないようにしてください。

❷ここを**タップ** →

Androidでは、画面の指示に従ってLINEと連携するGoogleアカウントを設定する

次のページに続く⟶

機種変更前の準備

1 [アカウント引き継ぎ設定]画面を表示する

バックアップ後の機種変更前のスマートフォンで操作する

レッスン28を参考に、[設定]画面を表示しておく

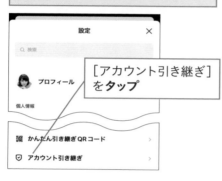

[アカウント引き継ぎ]を**タップ**

2 [アカウントを引き継ぐ]をオンにする

[アカウントを引き継ぐ]のここを**タップ**

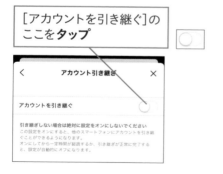

3 引き継ぎについての注意を確認する

36時間以内に新しいスマートフォンで引き継ぎを行う

[OK]を**タップ**

4 アカウントを引き継ぐ設定ができた

[アカウントを引き継ぐ]がオンになった

HINT 元のスマートフォンではアカウントが使えなくなる

バックアップから新しいスマートフォンに機種変更後、古いスマートフォンにアプリなどの環境はそのまま残りますが、LINEで使用していたアカウントは使えません。あくまでも1つの端末にしかLINEアカウントはログインできません。

新しいスマートフォンでの操作

1 基本

2 友だちの追加

3 トーク

4 通話・投稿

5 プライバシー

6 グループ

7 トークルーム

8 活用

1 ログイン画面を表示する

新しいスマートフォンでLINEを
インストールし起動しておく

[ログイン]を
タップ

LINEへようこそ

無料のメールや音声・ビデオ通話を楽しもう！

ログイン

2 ログイン画面を表示する

新しいスマートフォンでLINEを
インストールし起動しておく

LINEにログイン

LINEに登録されている電話番号を入力するか、以前の
端末のQRコードをスキャンしてログインしてください。
以下のサービスにアカウントをリンクしている場合
は、いずれかのサービスでログインすることもできま
す。

QRコードでログイン

📞 電話番号でログイン

🍎 Appleで続ける

Facebookで続ける

[電話番号でログイン]を**タップ**

3 電話番号認証を行う

電話番号認証を始める

この端末の電話番号を入力

LINEの利用規約とプライバシーポリシーに同意のう
え、電話番号を入力して矢印ボタンをタップしてくだ
さい。

日本 (Japan) ▾

080

❶電話番号を入力

❷ここを**タップ**

確認のメッセージが表示された

+81 80-

上記の電話番号にSMSで認証番号を
送ります。

送信

キャンセル

❸ [送信]を
タップ

SMSで認証番号が届く

4 認証番号を入力する

[認証番号を入力]画面が表示された

認証番号を入力

080　　　　にSMSで認証番号を送信しました

43464-

認証番号を
入力

認証番号を再送　通話による認証

次のページに続く➜

5 iCloudからトーク履歴を復元する

[iCloudからトーク履歴を復元]画面が表示された

iCloudからトーク履歴を復元

前回のバックアップ
今日 15:10

バックアップサイズ
358 KB

トーク履歴を復元

[トーク履歴を復元]を**タップ**

Androidでは、画面の指示に従ってバックアップを行ったGoogleアカウントを指定する

6 バックアップ用のPINコードを入力する

213ページで設定したPINコードを入力する

バックアップ用のPINコードを入力

[トークのバックアップ]設定で作成した6桁の数字のPINコードを入力してください。

PINコードを**入力**

7 トーク履歴を復元する

トーク履歴の復元が開始される

トーク履歴を復元しています

ネットワークの状態によっては、復元に数分かかる場合があります。次の画面に進んでください。

次へ

[次へ]を**タップ**

レッスン04を参考に初期設定を進める

8 トーク履歴を復元できた

レッスン15を参考に、相手とのトーク画面を表示しておく

元のスマートフォンで行っていたトークの内容が復元できた

HINT 元のスマートフォンではアプリが初期化される

機種変更してアカウントを引き継いだ後は、元の古いスマートフォンではLINEを起動できなくなり、元の設定は削除されます。初期化作業を行いアプリを再起動すると、初回起動時と同じくログイン前の画面になります。

機種変更してデータを引き継ぐ

メールアドレスやパスワードを忘れたときは

アカウントを引き継ぐ前には、必ずLINEに登録したメールアドレスとパスワードを確認しておきましょう。メールアドレスは［アカウント］画面で確認できます。もしパスワードを忘れてしまった場合でも、以下の手順で再設定することができきます。メールアドレスも変更できます。

1 ［パスワードを変更］画面を表示する

レッスン45を参考に、［アカウント］画面を表示しておく

ここでは、パスワードを再設定する

［メールアドレス]をタップすると、メールアドレスの確認と変更ができる

［パスワード]のここを**タップ**

2 パスワードを変更する

［パスワードを変更]画面が表示された

❶新しいパスワードを2回**入力**

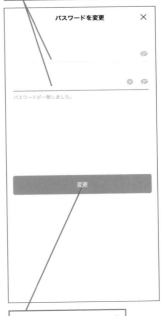

❷［変更]を**タップ**

パスワードが変更される

1 基本

2 友だちの追加

3 トーク

4 通話・投稿

5 プライバシー

6 グループ

7 トークルーム

8 活用

アカウントを削除するには

ネタフル

LINEから退会したいときは、アカウントを削除します。アカウントの削除を実行すると、二度と復元できないので注意してください。購入したスタンプなどの「保有アイテム」も削除され、復元できませんので、LINEからの退会は十分に気をつけて行うようにしてください。

第8章 LINEをもっと便利に使いこなそう

1 アカウント削除を開始する

レッスン45を参考に、[アカウント]
画面を表示しておく

❶画面を下に**スクロール**

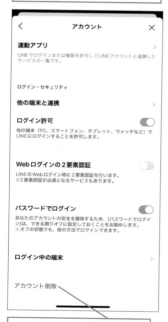

❷[アカウント削除]を
タップ

2 [アカウント削除]の画面を
表示する

アカウントの削除についての
確認画面が表示された

[次へ]を**タップ**

3 保有アイテムを確認する

[アカウント削除]画面が表示された

❶保有アイテムの削除について**確認**

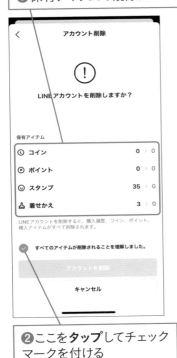

❷ここを**タップ**してチェックマークを付ける

❸画面を下に**スクロール**

4 連携アプリと注意事項を確認する

引き続き、［アカウント削除］画面で操作する

❶連携アプリ説明のここを**タップ**してチェックマークを付ける

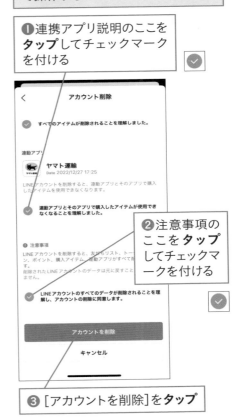

❷注意事項のここを**タップ**してチェックマークを付ける

❸［アカウントを削除］を**タップ**

アカウントが削除される

1 基本

2 友だちの追加

3 トーク

4 通話・投稿

5 プライバシー

6 グループ

7 ルーム

8 活用

🔍 索引

索引

■著者
コグレマサト

ブログ『ネタフル』管理人。アルファブロガー 2004
／2006、第5回WebクリエーションアウォードWeb
人ユニット賞受賞。アルバータ州ソーシャルメディア
観光大使。カルガリー名誉市民。HHKBエバンジェリ
スト。ScanSnapプレミアムアンバサダー。チェコ親
善アンバサダー。プロダクトデザイナー（かわるビジ
ネスリュック／旅ストラップ）。
ネタフル https://netafull.net/

まつゆう*

クリエイティブ・プランナー／ブロガー。モデルとし
て1993年より活動開始。1998年から独自の"可愛い
カルチャー"情報をウェブで発信。影響力の強いブロ
ガーとして数多くのブランドをクライアントに持ち、
WEB、ブログやSNS、ポッドキャスト、TV MCや雑
誌など多方面のメディアで活躍中。
まつゆう*公式サイト https://www.matsuyou.jp/

STAFF

カバーデザイン	伊藤忠インタラクティブ株式会社
本文フォーマット	株式会社ドリームデザイン
DTP制作／編集協力／校正	株式会社トップスタジオ
デザイン制作室	今津幸弘 <imazu@impress.co.jp>
	鈴木 薫 <suzu-kao@impress.co.jp>
編集	瀧坂 亮 <takisaka@impress.co.jp>
編集長	柳沼俊宏 <yaginuma@impress.co.jp>

■商品に関する問い合わせ先

このたびは弊社商品をご購入いただきありがとうございます。本書の内容などに関するお問い合わせ
は、下記のURLまたは二次元バーコードにある問い合わせフォームからお送りください。

https://book.impress.co.jp/info/

上記フォームがご利用いただけない場合のメールでの問い合わせ先
info@impress.co.jp

※お問い合わせの際は、書名、ISBN、お名前、お電話番号、メールアドレスに加えて、「該当するページ」と「具
体的なご質問内容」「お使いの動作環境」を必ずご明記ください。なお、本書の範囲を超えるご質問にはお答え
できないのでご了承ください。

● 電話やFAXでのご質問には対応しておりません。また、封書でのお問い合わせは回答までに日数をいただく
場合があります。あらかじめご了承ください。
● インプレスブックスの本書情報ページ https://book.impress.co.jp/books/1122101147 では、本書のサポー
ト情報や正誤表・訂正情報などを提供しています。あわせてご確認ください。
● 本書の奥付に記載されている初版発行日から3年が経過した場合、もしくは本書で紹介している製品やサー
ビスについて提供会社によるサポートが終了した場合はご質問にお答えできない場合があります。

■落丁・乱丁本などの問い合わせ先
FAX　03-6837-5023
service@impress.co.jp
※古書店で購入された商品はお取り替えできません。

できるfit
LINE
基本&やりたいこと92

2023年3月11日　初版発行

著　者　コグレマサト・まつゆう* & できるシリーズ編集部

発行人　小川 亨

編集人　高橋隆志

発行所　株式会社インプレス
　　　　〒101-0051　東京都千代田区神田神保町一丁目105番地
　　　　ホームページ　https://book.impress.co.jp/

印刷所　株式会社暁印刷
ISBN978-4-295-01612-0　C3055

Printed in Japan